JN234231

勝てるロボコン ロボトレーサの作り方

浅野健一 著

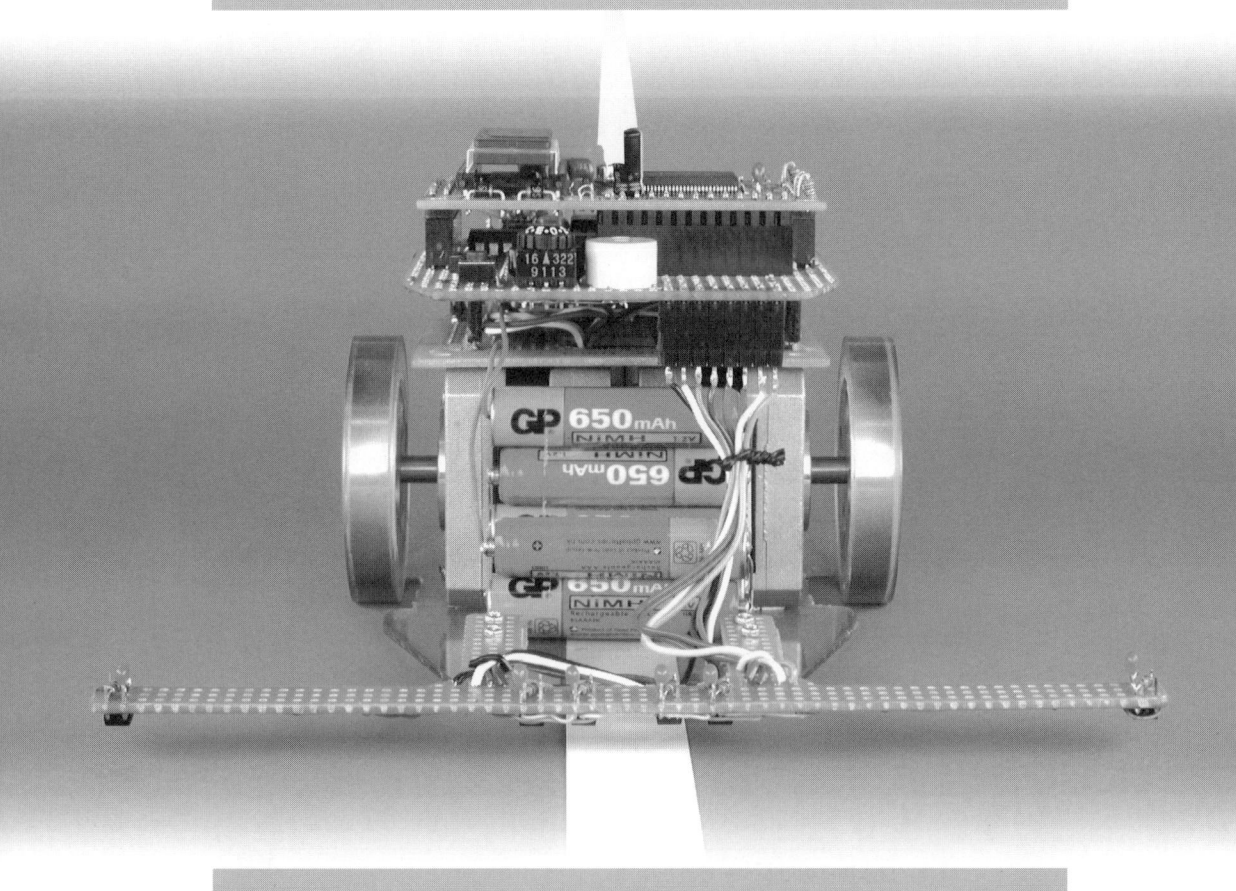

東京電機大学出版局

[R]〈日本複写権センター委託出版物〉
本書の全部または一部を無断で複写複製（コピー）することは，著作権法上での例外を除き，禁じられています。本書からの複写を希望される場合は，日本複写権センター（03-3401-2382）にご連絡ください。

まえがき

　昨今，"ロボコン"が大ブームです。

　本書で紹介する"ロボトレース競技"（ロボトレーサによる競技）は，"マイクロマウス"や"相撲ロボット"と並んで人気があるロボットコンテストであり，毎年多くの人が競技会にエントリーし，熱戦を繰り広げています。

　本書はこれからロボトレーサを製作し，2001年より実施されている"ロボフェスタ"マイクロマウス大会の"ロボトレース部門"に出場する方々のために構成したものです。メカトロニクス技術の基礎を理解していただくことを目的として，センサ／モータなどの回路やマイクロプロセッサによるロボットのコントロールなどを学習しながらロボトレーサを製作していきます。

　ロボトレーサはその名が示すようにラインをトレースして走行するロボットですから，マイクロプロセッサを使用せずにロジックICなどのハードウェアのみでロボットを構成して最低限の機能（トレース走行）を行うことが可能です。しかし，ロボトレーサをもう少し"賢く"しようとするとコンピュータが必要になります。本書ではメカトロニクス技術を習得することを目的として，マイクロプロセッサを使用したロボトレーサの製作方法を紹介します。

　"工夫することによって安価に製作する"ことを目標として，ロボトレーサの製作費を3万円以内（機械加工設備・Cコンパイラなどの処理系・充電器などを含まない）としました。アマチュアロボットコンテストの意義であり精神でもある"工夫すること"を特に重視したいと考えます。

　なお，本書で紹介するロボトレーサでは，前著『勝てるロボコン 高速マイクロマウスの作り方』および『勝てるロボコン 相撲ロボットの作り方』と同じく，マイクロプロセッサとして東芝TMPZ84C015を使用することにします。本書では紙面の都合により，このマイクロプロセッサに内蔵されたインタフェースCTC，PIO，SIOなどの詳細説明を省略しますので，これらの詳細については，前著『勝てるロボコン 高速マイクロマウスの作り方』をご参照ください。

　科学技術立国を国是とするわが国において，昨今の学生の理工系離れは深刻な問題となっております。このような状況において，ロボット製作に興味をもつ若い皆さんは貴重な存在であり，わが国の未来を支える原動力となることは間違いありません。21世紀は人工知能ロボットの時代であり，家庭・医療・福祉などがその活躍の場となります。

　アマチュアロボットコンテストに出場しようとする熱意のある若者を心から応援します。ロボトレーサ製作をきっかけとして，人工知能ロボットおよびメカトロニクス技術をリードするエンジニアと

なることを期待します。

　最後になりましたが，本書の執筆にあたってお世話になりました東京電機大学出版局の植村八潮氏，石沢岳彦氏に厚く御礼申し上げます。

2002年3月

著　者

目 次

1 ロボトレーサとは　　　　　　　　　　　　　　　　　　　　　　　　　　1

1.1 ロボトレーサとロボトレース競技　　1
1.1.1 ロボトレーサのコンピュータ　　1
1.1.2 ロボトレーサのセンサ　　2
1.1.3 ロボトレーサのアクチュエータとメカニズム　　2
1.1.4 ロボトレーサのパワーソース　　3
1.2 全日本マイクロマウス大会（ロボトレース競技）　　2
1.2.1 大会参加資格　　4
1.2.2 競技種目　　4
1.2.3 大会参加申し込みおよび競技方法の詳細　　5
1.2.4 ロボフェスタとロボトレース競技　　5
1.2.5 ロボトレーサの規格　　5
1.2.6 コースの規格　　5
1.2.7 ロボトレース競技規定　　6

2 ロボトレーサの基礎知識　　　　　　　　　　　　　　　　　　　　　　　8

2.1 ロボトレーサのシステム構成　　8
2.2 **CPUとインタフェース**　　10
2.2.1 ロボトレーサのコンピュータに要求される機能　　10
2.2.2 ワンチップマイコン各種　　10
2.2.3 ワンボードマイコン各種　　13
2.3 モータとコントロール回路　　15

　　　　2.3.1　ロボトレーサのモータ　　15
　　　　2.3.2　DCモータとコントロール回路　　16
　　　　2.3.3　ステッピングモータとコントロール回路　　39
　2.4　姿勢制御（トリミング）　　55
　2.5　センサとコントロール回路　　57
　　　　2.5.1　フォトセンサの選び方　　57
　　　　2.5.2　ライン／マーカセンサ　　62
　　　　2.5.3　走行距離カウンタ　　68
　2.6　ロボトレーサのステアリングメカニズム　　71
　　　　2.6.1　二輪PWS方式　　71
　　　　2.6.2　後輪駆動方式　　72
　2.7　電　池　　72

3　ワンチップマイコンTMPZ84C015　　75

　3.1　TMPZ84C015の内部ブロック　　75
　3.2　PIO　　76
　　　　3.2.1　PIOの機能　　76
　　　　3.2.2　PIOの構成　　76
　　　　3.2.3　PIOのコントロール　　77
　3.3　CTC　　79
　　　　3.3.1　CTCの構成　　79
　　　　3.3.2　CTCのモード　　80
　　　　3.3.3　CTCのコントロール　　82

4　AKI-80と周辺回路のインタフェース　　85

　4.1　AKI-80の回路　　85
　4.2　AKI-80のメモリ構成　　91
　4.3　AKI-80と周辺回路の接続例　　91
　　　　4.3.1　センサ回路のインタフェース　　91

　　　　4.3.2　ステッピングモータ回路のインタフェース　　92

　　　　4.3.3　コンソール入出力のインタフェース　　102

5　ロボトレーサの製作　　104

　5.1　仕　様　　104
　5.2　回路と構造　　105
　　　　5.2.1　ボード1（マザーボード）　　109
　　　　5.2.2　ボード2（モータドライバボード）　　110
　　　　5.2.3　ボード3（フォトセンサボード）　　110
　5.3　製作に必要な機械／機器／工具　　113
　　　　5.3.1　機械加工　　113
　　　　5.3.2　配　線　　113
　　　　5.3.3　組み立て　　114
　　　　5.3.4　検査／充電　　114
　　　　5.3.5　ROM書き込み　　114
　5.4　材料・部品　　114
　5.5　ボード1（マザーボード）の製作　　116
　　　　5.5.1　基板加工　　116
　　　　5.5.2　部品実装と配線　　118
　　　　5.5.3　検　査　　119
　　　　5.5.4　ICのセット　　119
　　　　5.5.5　ワンボードマイコンのセット　　119
　5.6　ボード2（モータドライバボード）の製作　　119
　　　　5.6.1　基板加工　　119
　　　　5.6.2　部品実装と配線　　121
　　　　5.6.3　検　査　　121
　5.7　ボード3（フォトセンサボード）の製作　　122
　　　　5.7.1　基板加工　　122
　　　　5.7.2　部品実装と配線　　123
　　　　5.7.3　検　査　　123
　5.8　メカニズムの製作　　123
　　　　5.8.1　ホイールとタイヤの加工，組み立て　　123

5.8.2 シャシの加工　125
5.9 電池パックの製作　126
5.9.1 電池の接着　126
5.9.2 配　線　126
5.9.3 パック　127
5.10 組み立てと調整　127
5.10.1 モータブロックの組み立て
5.10.2 モータブロックとシャシの接着　127
5.10.3 モータコントロールボードの接着　128
5.10.4 電池パックの取り付け　128
5.10.5 ボード2(モータドライバボード)と電池パックの配線　128
5.10.6 モータの配線　128
5.10.7 基板の接続　128
5.10.8 スライダの取り付け　129
5.10.9 ホイール／タイヤの取り付け　129
5.11 検　査　129
5.12 充電器および放電器の製作例　129
5.13 プログラミングとROM化　130
5.13.1 プログラミングとコンパイル　130
5.13.2 ROM書き込み　130
5.13.3 プログラムの実行　131

付　録　140

1. ロボトレース競技規定　140
2. 全日本マイクロマウス大会記録　142
3. 大会主催者／メーカ　148

索　引　150

1 ロボトレーサとは

1.1 ロボトレーサとロボトレース競技

　1977年にアメリカの学会IEEEにおいて，マイクロプロセッサの可能性を検証するための競技会用ロボットとして"マイクロマウス"が考案され，競技が行われるようになった。日本では，1980年に第1回全日本マイクロマウス大会が開催されて以来，毎年熱戦が繰り広げられている"ロボトレース競技"は，この全日本マイクロマウス大会の一競技部門として発足したものであり，このロボトレース競技に出場するためのロボットを"ロボトレーサ"と称している。ロボトレース競技は競技台上のコース（直線および曲線を組み合わせたライン）をロボトレーサによってトレースしながら走行し，その走行時間を競う形式で行われる。毎年，多くのエンジニアや学生・高校生などがロボトレース競技に参加しており，その性能は年々高くなってきている。

　ロボトレーサの技術は"もの作り"の原点そのものであり，メカトロニクス技術の習得には格好の題材である。

1.1.1　ロボトレーサのコンピュータ

　本体にコンピュータを搭載したロボトレーサは，"マイクロマウス"や"自立型相撲ロボット"と同様に一種の知能ロボットと見ることができるが，ロボトレーサは知能ロボットとしてどの程度の能力をもっているのか考えてみよう。

　ロボトレーサは，競技台上のライン（＝軌道）に沿って走行するロボットである。走行中にラインからはずれてしまったと判断したら，直ちにライン上を走行するように軌道を修正しなければならない。このような判断（軌道からはずれているか？），決定（軌道修正を行うか否か），修正（修正すべき方向および修正量を求める）などの処理を行うためにコンピュータを使用す

る。

また，一度走行したコースの軌跡を記憶しておき，走行路の軌跡（直線コースの長さや曲線コースの曲がり方および長さなど）をもとに，2回目以降の高速走行を行うためにもコンピュータが必要となる。

コンピュータは人間の体にたとえれば"頭脳"に相当する部分であるが，ロボトレーサが"判断"や"決定"を行う考え方（アルゴリズム）は，人間の思考方法と同一のものである。競技台上のコースという狭い範囲に限定されており，原始的なものではあるが，ロボトレーサのプログラムは一種の人工知能といってよいものである。これらをまとめ整理すると表1.1のようになる。

表1.1 人工知能ロボットとロボトレーサの比較

	人間	人工知能ロボット	ロボトレーサ
頭脳	条件の判断や決定	高性能コンピュータなど	マイクロコンピュータなど
目	周囲の状況を認識して頭脳に伝える	イメージセンサなど	フォトセンサなど
腕・足	頭脳の命令をもとに各種動作を実行	DCモータ，ステッピングモータ，油圧・空気圧シリンダなど	DCモータ，ステッピングモータなど
内臓	エネルギーの供給	各種バッテリーなど	リチウムイオン電池，ニッケル水素電池など

1.1.2 ロボトレーサのセンサ

センサは，人間の体にたとえれば"目"に相当する部分である。

全日本マイクロマウス大会ロボトレース競技のルールでは，競技台およびコースのサイズや色などが完全に規格化されているため，ラインとロボットの"ずれ"や"コーナーマーカーの位置"などの単純な情報を測定することによって現在の位置を認識することが可能である。このように，ロボトレーサのセンサの能力は限られたもので十分であり，たとえばフォトセンサ[1]によって実現することが可能である。

将来，実用化されるであろう人工知能ロボットは，周囲の状況に柔軟に対応する必要性から，動物の"目"に近い機能を必要とし，回路，コンピュータとともに大規模かつ複雑な構成となっていくことだろう。

1.1.3 ロボトレーサのアクチュエータとメカニズム

アクチュエータ[2]とメカニズムは人間の体にたとえれば"足"または"腕"

[1] フォトセンサ
57ページで記述する。

[2] アクチュエータ
メカニズムを動かすための駆動源をアクチュエータという。アクチュエータには電気モータ（DCモータ，ACモータ，リニアモータなど），油圧シリンダ，空気圧シリンダなどがある。ロボトレーサのアクチュエータには，効率のよいDCモータやコンピュータ制御しやすいステッピングモータを使用することが多い。

1.1 ロボトレーサとロボトレース競技

に相当する部分である。

ロボトレーサの"足"は，DCモータやステッピングモータなどのアクチュエータと歯車・タイミングベルト・ホイールなどのメカニズムによって構成され，コース上で前進・スラローム[①]・停止などの動作を行う。

ロボトレーサのこのような走行機能は競技台以外の路面においても十分に実用的なものであり，人工知能ロボットの"走行系"として応用することができる。

人工知能ロボットは周囲の状況に柔軟に対応するため，走行部以外に"腕"などを必要としメカニズムも複雑になってしまうが，ロボトレーサには"腕"は不要であるから，単純な構成ですむ。

1.1.4 ロボトレーサのパワーソース

パワーソースは人間の体にたとえれば"内臓"に相当する部分である。つまり，エネルギーを蓄えておいて，必要に応じてアクチュエータやコンピュータにパワーを供給する役割をもつものがパワーソースである。

ロボトレーサのパワーソースは電池である。電池はロボトレーサ全体の中でもかなりの重量を占めることになり，その選択には十分な注意が必要である。本書で紹介するロボトレーサではステッピングモータを使用するが，高速走行時にステッピングモータが脱調[②]して走行不能とならないように，モータに大電流を流す必要がある。このため，大電流放電が可能なニッケルカドミウム（Ni-Cd）電池を使用することにする。

近年，リチウムイオン電池やニッケル水素電池[③]など，小型で大容量の電池が開発され，実用化されてきている。これに伴って人工知能ロボットのパワーソースもコンパクトなものになっていくことだろう。

---

①スラローム
滑らかに旋回する動作。たとえば，後輪駆動の自動車では前輪の方向を変えることによってスラロームを行う。本書で制作するロボトレーサでは左右の車輪を同じ方向（たとえば前進する方向）に回転しておき，それぞれの車輪の回転数を変化することによってスラロームを行う。

②脱調（同期はずれ）
ステッピングモータが入力された回転信号に追従しなくなる現象。出力トルクがゼロとなり，コンピュータからのコントロールを受け付けなくなってしまう。ソフトウェアによってモータの回転数を徐々に加速・減速する方法や，モータに流す電流を一時的に多くする方法によって，この脱調の発生を防ぐことができる。

③リチウムイオン電池，ニッケル水素電池
従来，2次電池（充電して使用する電池）としてニッケルカドミウム電池(Ni-Cd電池)が多く使用されてきたが，最近はこれよりも小型で大容量の2次電池としてリチウムイオン電池やニッケル水素電池がノートパソコンなどに使用されることが多くなってきた。本書で紹介するロボトレーサでは，大電流放電を行うために，ニッケルカドミウム電池を使用する。ロボトレーサの走行用モータを，定格電圧が高く，消費電流が少ないDCモータに変更することによってリチウムイオン電池やニッケル水素電池を使用することが可能となり，ロボットを軽量化することが可能である。

1.2 全日本マイクロマウス大会（ロボトレース競技）

1.2.1 大会参加資格

誰でも参加することができる。大会参加者は社会人エンジニアや高校生・専門学校生・大学生など，さまざまである。

1.2.2 競技種目

1 マイクロマウス競技フレッシュマンクラス

新人あるいは入門者のために準備されたマイクロマウス競技である。課題迷路は比較的ゴールしやすく，最短コースもジグザグやUターンなどの少ない設定になっている。

2 マイクロマウス競技エキスパートクラス

マイクロマウス競技の最高峰である。予選と決勝があり，十数台の予選通過者と地区予選優勝者（原則）が決勝に進むことができる。ヨーロッパルールも適用されており，課題迷路は複雑である。

3 マイクロクリッパ競技

マイクロマウス競技と同一の迷路内で，持ち時間以内に逆さまにした円筒の個数，またはすべての円筒を逆さまにした後，スタート地点に戻ってきた時間を競う競技である。マイクロクリッパはマイクロマウスの機能に腕を追加したロボットと考えられる。メカニカルな動作が魅力的な競技である。

4 ロボトレース競技

ラインをトレースしながら閉じたコースを周回し，その最短走行時間を競う競技である。マイクロマウスのような迷路内走行ではなく，ライン（＝軌道：列車のレールと同等）をトレースしながら走行することができるので姿勢制御を行いやすく，入門者の参加が多いようである。しかし，一度記憶したコースをもとに高速走行するためには，細かな挙動を制御してドリフト（ふらつき）をなくすこと，ラインの曲り方[①]（半径）によって速度の最適値を求めること，滑らかな加速減速制御などの技術が必要となり，上級者向けの競技でもある。

以上の競技種目のうち，本書ではロボトレース競技に出場するための

①ラインの曲り方
曲率半径という。1.2.6.の"コース"の規格を参照。

1.2 全日本マイクロマウス大会（ロボトレース競技）

"ロボトレーサ"について，その製作方法を説明する。

1.2.3 大会参加申し込みおよび競技方法の詳細

全日本マイクロマウス大会主催，財団法人ニューテクノロジー振興財団マイクロマウス委員会事務局のホームページを参照していただきたい（巻末にURLおよび競技規則を示した）。

1.2.4 ロボフェスタとロボトレース競技

ロボトレース競技はロボット創造国際競技大会（ロボフェスタ）の競技種目として取り上げられ，注目されている。2001年に第1回大会が実施された。本書はこのロボフェスタマイクロマウス競技部門出場を想定してまとめたものである。

ロボフェスタの競技種目，開催日程，参加申し込みなどについては，ロボフェスタ中央委員会事務局ホームページを参照していただきたい（巻末にURLを示した）。

1.2.5 ロボトレーサの規格

ロボトレーサは以下の条件を満たしていなければならない。

1 寸法と重量

全長25cm，全幅25cm，全高20cm以内の寸法であること。重量の制限はない。

2 制御方法

自立型であること。スタート時に行う動作開始の操作を除き，外部からの一切の操作を行ってはならない。また，競技中にハードウェアおよびソフトウェアの追加，取り外し，交換，変更を行ってはいけない。

1.2.6 コースの規格

以下は全日本マイクロマウス大会ロボトレース競技のコースの規格である。詳細は巻末の"ロボトレース競技規定"を参照していただきたい。
① 走行面の色は黒色であり，コースは幅1.9cmの白いラインである。
② 直線と円弧の組み合わせで構成された連続した周回コースである。

③ 円弧の曲率半径は15cm以上である。
④ 円弧の曲率変化点間の距離は15cm以上である。
⑤ コースの長さは1周60m以下である（交差角度は90度±5度）。
⑥ スタート・ゴールエリアを設ける。
⑦ 曲率変化点には，進行方向左側にコーナーマーカーが貼り付けられている。

図1.1に第21回全日本マイクロマウス大会ロボトレース競技予選および決勝コースを示す。

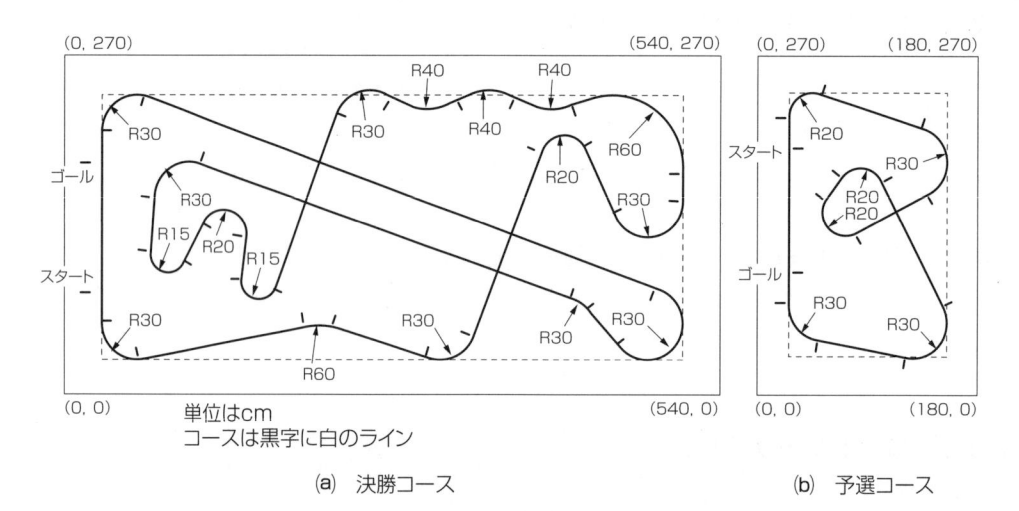

(a) 決勝コース　　　　　　　　　　　(b) 予選コース

図1.1　第21回全日本マイクロマウス大会ロボトレース競技コース

1.2.7　ロボトレース競技規定

① ロボトレーサが周回走行に要した最短時間をその記録とする。
② コースが公開された後にコースに関する情報をロボトレーサに入力してはならない。競技中にコースに関する情報を修正，消去してはならない。また，競技中にプログラムのローディングおよびROM交換を行ってはならない。
③ 周回走行時間の測定は，スタートおよびゴール位置に設置されたセンサによって行う。
④ 持ち時間3分内に3回までの走行を行うことができる。
⑤ 走行は原則として毎回スタート・ゴールエリア内より指定された方向に対して開始するものとする。
⑥ 周回走行後，スタート・ゴールエリア内に自動停止し，2秒以上停止すること。

なお，競技会においては競技場内の照明は通常の室内環境となっているが，

1.2 全日本マイクロマウス大会（ロボトレース競技）

部分的に明暗が異なる箇所があるので，センサ感度の設定には十分な注意が必要である。

製作したロボトレーサのセンサ感度の調整やプログラムのデバッグ，パラメータの調整などを行うためにロボトレーサデバッグ用競技台を製作する。

図1.2にロボトレーサデバッグ用競技台の製作例を示す。競技台本体は2700mm×1800mm×20mmのラワン材，補強材は60mm×40mmの杉角材である。ピッチを150mm程度として裏側からタッピングビスで補強するとよい。サンドペーパで表面を仕上げた後，ペイント（黒色，つや消し，油性）を均一に塗布する。ラインおよびコーナーマーカは任意に変更できるようにビニルテープ（白）を貼り付ける。なお，市販のビニルテープは競技規定のライン幅（1.9cm）と同じであり，そのまま使用することが可能である。

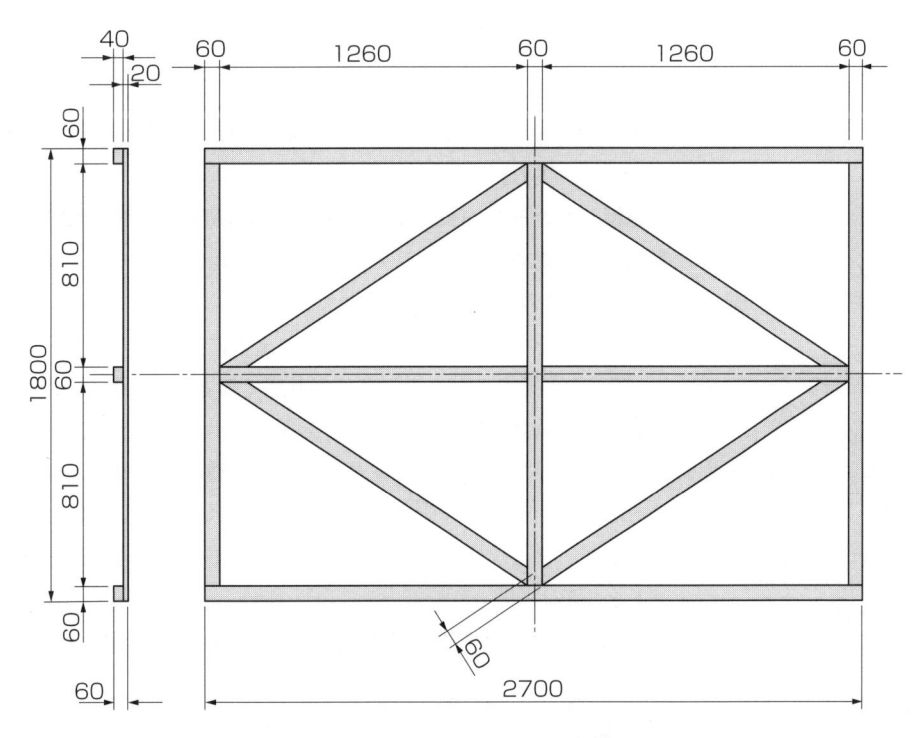

図1.2　ロボトレーサデバック用競技台

2 ロボトレーサの基礎知識

2.1 ロボトレーサのシステム構成

ロボトレーサには次のような機能が必要である。

① スタートスイッチが押されるまで待つ。
② ラインを認識・記憶し，軌道の修正を行いながらコースを周回する（このとき，加速／減速動作を伴う）。
③ 記憶したコースの長さやカーブなどの情報をもとにして2回目以降の高速走行のための走行パラメータ[①]を求める。
④ 2回目以降の高速走行を行う。

これらの機能をハードウェアとソフトウェアに分割してロボトレーサを構成する。機能の多くをハードウェアに割り当てると回路の規模が大きくなり，ロボット全体の重量に影響を与えてしまう。ロボトレーサを高速走行させるためには，ハイパワーの走行モータとこれを駆動するための大容量の電池が必要である。したがって可能な限りハードウェアを小型軽量化し，多くの機能をコンピュータとソフトウェアに割り当てることが高速走行を行うためのポイントとなる。

図2.1はロボトレーサの機能分割の一例である。図ではモータ／メカニズ

[①]走行パラメータ
走行モータを駆動するための条件。
走行パラメータとしては，最高速度・最高速度にいたるまでの加速レート・左右車輪の回転数比・トルク（モータに流す電流に比例する）などが考えられる。これらのパラメータは，あらかじめテーブル（配列）に格納しておき，必要に応じてこのテーブルから引き出して利用することになる。

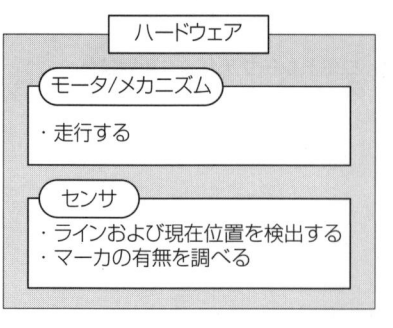

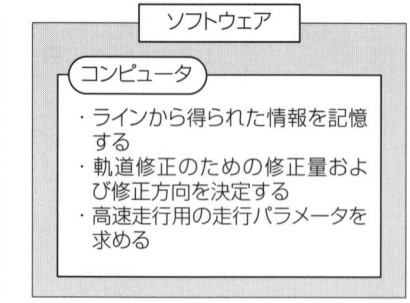

```
┌─ ハードウェア ──────┐   ┌─ ソフトウェア ──────┐
│ ┌ モータ/メカニズム ┐ │   │ ┌ コンピュータ ──────┐ │
│ │ ・走行する      │ │   │ │ ・ラインから得られた情報を記憶 │ │
│ └──────────┘ │   │ │   する           │ │
│ ┌ センサ ──────┐ │   │ │ ・軌道修正のための修正量および │ │
│ │ ・ラインおよび現在位置を検出する │ │ │   修正方向を決定する    │ │
│ │ ・マーカの有無を調べる │ │   │ │ ・高速走行用の走行パラメータを │ │
│ └──────────┘ │   │ │   求める          │ │
└────────────┘   │ └────────────┘ │
                       └────────────────┘
```

図2.1　ロボトレーサの機能分割例

2.1 ロボトレーサのシステム構成

ムおよびセンサの機能のほかは，すべてコンピュータに割り当てており，ソフトウェアにその機能を分担させている。このように多くの機能をコンピュータに割り当てると，コンピュータの処理能力によってロボトレーサ全体の機能が左右されることになる。したがってロボトレーサに使用するコンピュータは，処理能力やメモリ容量について十分な検討を行ってから選定しなければならない。図2.2は前述の機能分担に従って構成したロボトレーサシステムの一例である。ロボットをコントロールするためのワンボードマイコン（CPU[①]とインタフェース），プログラムを格納するためのメモリ（ROM[②]），プログラム中の変数やコースの状況などを記憶しておくためのメモリ（RAM[③]），ラインおよびマーカを検出するためのセンサ回路，走行モータのコントロール回路および走行メカニズム，電源回路によって構成されている。

[①]CPU（central processing unit）コンピュータの中央演算処理装置。コンピュータの中枢であり，データ処理，判断，演算，制御などを行う。"マイクロプロセッサ"はCPUを1つのチップ（LSI）によって構成したものである。

[②]ROM（read only memory）読み出し専用のメモリ。本書では，ROMにロボトレーサのプログラムを書き込んで動作させる。

[③]RAM（random access memory）読み書き両方に使用できるメモリ。

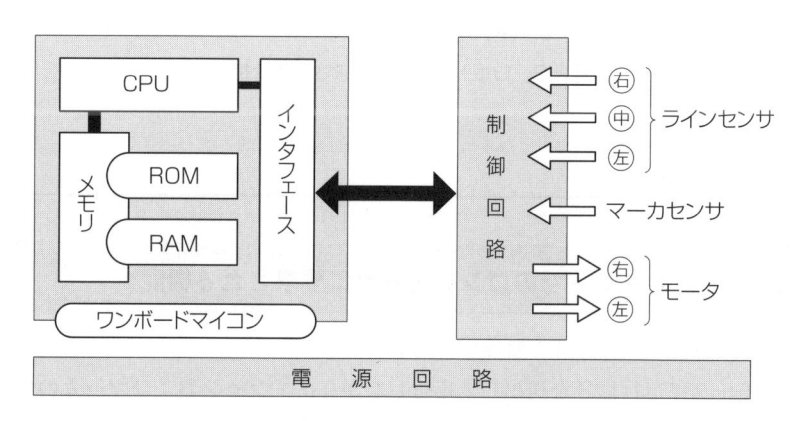

図2.2　ロボトレーサのシステム構成例

ロボトレーサは前述の機能のほか，以下を満たす必要がある。

① 全長25cm，全幅25cm，全高20cm以内であること（巻末の全日本マイクロマウス大会ロボトレース競技規定参照）。

② 高速走行が可能であること。

③ 頑強であること（損傷しにくい構造であること）。

④ 信頼性が高いこと（競技台とラインの境界を確実に認識し，室内光などのノイズの影響を受けないこと）。

⑤ メンテナンス性がよいこと（ホイール締結のチェックやセンサ感度の調整などが簡単に行える構造であること）。

⑥ 拡張性が高いこと（メモリやセンサの増設が可能であること）。

⑦ 低価格であること（アマチュアロボット競技であるから，高価になりすぎないこと）。

これらを考慮して，ロボトレーサに要求される仕様をブロックごとに分けてみると，図2.3のようになる。

第2章　ロボトレーサの基礎知識

```
┌─────────────────────┐  ┌─────────────────────┐
│    ワンボードマイコン    │  │        センサ        │
│ ・CPUの処理能力        │  │ ・検出方式           │
│ ・メモリ(ROM/RAM)の容量 │  │ ・チャネル数         │
│ ・インタフェース       │  │ ・応答速度           │
│ ・割り込み①           │  │ ・ノイズ             │
│ ・サイズと重量         │  │ ・サイズと重量       │
│ ・消費電力             │  │ ・消費電力           │
└─────────────────────┘  └─────────────────────┘

┌─────────────────────┐  ┌─────────────────────┐
│ ・モータの種類         │  │ ・電圧               │
│ ・モータ台数           │  │ ・容量               │
│ ・トルク               │  │ ・電池の種類         │
│ ・回転数               │  │ ・放電特性           │
│ ・サイズと重量         │  │ ・サイズと重量       │
│ ・消費電力             │  │                     │
│    モータ/メカニズム   │  │        電　源        │
└─────────────────────┘  └─────────────────────┘
```

図 2.3　ロボトレーサに要求される仕様

① **割り込み**
コンピュータのプログラム実行中に，そのプログラム処理を一時的に中断し，割り込み処理プログラムを実行すること。高速走行するロボトレーサでは割り込みを使用して，常にラインをチェックしながら走行を行うことが必要である。

2.2　CPUとインタフェース

2.2.1　ロボトレーサのコンピュータに要求される機能

ロボトレーサの走行時の処理は，以下のようになる。

①モータに走行信号を送出して走行しながら，②ラインおよびマーカの情報を得て，③コース上の現在位置を確認し，④モータに信号を出力して軌道を修正し，⑤ゴールか否かを確認する。

これらの処理を繰り返しながら走行することになる。このように処理が複雑になるので，ロボトレーサのコントローラとしてマイクロプロセッサが適している。

なお，"ラインの情報を得てモータに信号を出力して軌道を修正するのみ"といった単純な動作を行うロボトレーサであれば，マイクロプロセッサの代わりにプログラマブルコントローラ②やロジックICなどで実現することが可能である。

② **プログラマブルコントローラ（PC，プロコン，シーケンサ）**
あらかじめプログラムを書き込んでおき，決められた手順に従って動作を行うための装置。

2.2.2　ワンチップマイコン各種

コンパクトなハードウェアを構成するためには，コンピュータもコンパクトなものを選ぶ必要がある。ロボトレーサをコントロールするためのコンピュータとしては，CPUとその周辺のインタフェースを1つのチップに内蔵したワンチップマイコンが適している。

2.2 CPUとインタフェース

表2.1にロボトレーサに適したワンチップマイコンの例を示す。

表2.1 ロボトレーサ用ワンチップマイコン

東芝　TMPZ84C015BF	（ザイログZ80コードコンパチブル）8bit
クロック	12MHz（最大）
タイマ	8bit×4チャネル
SIO	2チャネル
PIO	8bit×2ポート
WDT	1チャネル（デイジーチェーン割り込み優先順位設定可）
DMAコントローラ	ショートアドレス4チャネル，フルアドレス2チャネル
CGC	システムクロックジェネレータ

川崎製鉄 KL5C8012CFP	（ザイログZ80コードコンパチブル）8bit
クロック	10MHz（9.8304 MHz）　同クロックのZ80に対して約4倍の処理速度
RAM	512B
タイマ	16bit×5チャネル
SIO	1チャネル
PIO	8bit×5ポート
割り込み	16チャネル

川崎製鉄 KL5C80A16CFP	（ザイログZ80コードコンパチブル）8bit
クロック	10MHz（9.8304 MHz）　同クロックのZ80に対して約4倍の処理速度
RAM	512B
タイマ	16bit×4チャネル
SIO	2チャネル
PIO	8bit×4ポート
割り込み	16チャネル
DMA	2チャネル

日立H8／3048F	16bit（32bitコア）
クロック	16MHz（最大）20～30℃の範囲で20MHz使用可
ROM	128kB（フラッシュROM）
RAM	4kB
PIO	入出力78ポート（最大）
ADC	10bit×8チャネル
DAC	8bit×2チャネル
タイマ	16bit×5チャネル
PWM	5相（最大）
DMA	ショートアドレス4チャネル，フルアドレス2チャネル
WDT	1チャネル

東芝　TMP95C061AF	（ザイログZ80コードコンパチブル）16bit
クロック	12MHz（最大）
PIO	入出力64ポート（最大）
ADC	10bit×4チャネル
タイマ	8bit×4チャネル，16bit×2チャネル
SIO	2チャネル
WDT	1チャネル
DMAコントローラ	4チャネル（フルアドレス2チャネル）
DRAMコントローラ	1チャネル
パターンジェネレータ	2チャネル
割り込みコントローラ	32入力
チップセレクタ	4出力

日本電気 V25（μpd70320）（インテル8086コードコンパチブル）16bit	
クロック	8MHz
PIO	入力8ポート，入出力20ポート
コンパレータ	8チャネル（PIOとして使用可）
タイマ	16bit×2チャネル
SIO	2チャネル
割り込み	21チャネル（内部16、外部5）
レジスタバンク	8バンク
DMA	2チャネル

日本電気 V55PI（μpd70433）（インテル8086コードコンパチブル）16bit	
クロック	12MHz
PIO	入力11ポート，入出力42ポート，セントロニクス1チャネル
タイマ	16bit×5チャネル
ADC	8bit×4チャネル
PWM	8bit×1チャネル
SIO：2チャネル	割り込み：36チャネル（内部29，外部7）
レジスタバンク	16バンク
DMA	4チャネル
WDT	1チャネル

マイクロチップ PIC16F84A 12bit	
クロック	20MHz（最大）
ROM	64B（フラッシュROM）
RAM	プログラムメモリ：4kB　データメモリ：68B
PIO	入出力13ポート
タイマ	1＋WDT

表中の略号
* SIO：直列入出力コントローラ
* PIO：並列入出力コントローラ
* ADC：アナログ／ディジタルコンバータ
* DAC：ディジタル／アナログコンバータ
* WDT：ウオッチドッグタイマ
* DMA：ダイレクトメモリアクセスコントローラ
* PWM：パルス幅変調

(a) H8 3664　　　　(b) PIC 16F84

図2.4　おもなワンチップマイコンの外観

2.2 CPUとインタフェース

　これらのワンチップマイコンは，家電製品や自動車などのメカトロニクス機器に組み込んで使用されることが多いが，ロボトレース競技でも東芝Z84シリーズや川崎製鉄KLシリーズなどのワンチップマイコンが好んで使われている。これらはコンパクトなチップにロボトレーサのコントロールに必要な機能のほとんどを内蔵していることと，ザイログZ80CPUのコードとコンパチブルであること，Cコンパイラやアセンブラなどの開発ツールが充実しており，これらが安価に入手できることなどが多く使用されている理由である。

　これらのワンチップマイコンは機器組み込みマイコンシステムに内蔵されるコンピュータとして多く用いられている。ビデオデッキや洗濯機のような家電製品や自動車のエンジンコントロールやABSのように，電源を入れると直ちに特定の機能を実行するコンピュータシステムのことを"機器組み込みマイコンシステム"という。これらのシステムでは，電源を入れるとROMに書き込まれたプログラムを実行するようになっている。RAMはデータ用なので，その容量は少なくてすむ。ロボトレーサではROMにプログラムを書き込んで実行することにする。

　このような"機器組み込みマイコンシステム"に対してパソコンやワークステーションは，電源を入れるとハードディスクやCD-ROMからプログラムをメインメモリに読み込んでから実行する。したがってRAMは大容量となる。マイクロチップの PIC16F84Aは表2.1の中では最も小さなワンチップマイコンである。このワンチップマイコンはプログラムメモリを内蔵しているので，外付けのメモリICが不要である。ただし，メモリ容量が少ないので，プログラミング時にはオブジェクトサイズ[1]を小さくするための工夫が必要になる。

　本書ではワンチップマイコンとして，同シリーズの"高速マイクロマウスの作り方"および"自立型相撲ロボットの作り方"と同じく"東芝TMPZ84C015"を使用したロボトレーサの製作方法を紹介する。

2.2.3　ワンボードマイコン各種

　表2.2は市販のワンボードマイコンの中からロボトレーサに適していると考えられるものをまとめたものである。

　いずれもコンパクトにまとまっており，ロボトレーサのコントロールに適したものである（巻末に各メーカの連絡先およびURLを示した）。

---

[1]オブジェクトサイズ
C言語などで記述したプログラムをソースプログラムという。このソースプログラムをコンパイラで機械語に翻訳したものがオブジェクトプログラムであり，これをメモリに書き込んでプログラムを実行する。オブジェクトサイズとはオブジェクトプログラムの大きさのことであり，一般にCのような高水準言語でソースプログラムを記述するとオブジェクトサイズは大きく，アセンブリ言語でソースプログラムを記述するとオブジェクトサイズは小さくなる。

第2章 ロボトレーサの基礎知識

表2.2 市販のワンボードマイコンの例

使用マイコン	メーカ	製品名	RAM [kB]	価格 [kB]
東芝 TMPZ84C015BF	秋月電子通商	AKI-80 シルバー	8	3800
	秋月電子通商	AKI-80 ゴールド	32	4200
	秋月電子通商	スーパーAKI-80（PIO, RS-232C）	32	5700
	イビデン産業	MIRI-A15-III 6.144MHz	32	13000
	ダイセン電子工業	PATZ8015-24.9152MHz	32	16500
	田中電子	TC-015		8600
川崎製鉄 KL5C8012CFP	システムロード	SK-8012BX	32	6000
	イエローソフト	KL5C8012 CPUボード	128	11700
	イビデン産業	KL12-A		13000
	田中電子	TC-8012Sa		4800
川崎製鉄 KL5C80A16CFP	イエローソフト	KL5C8016 CPUボード	128	7900
	システムロード	SK-8016BX	32	6000
	田中電子	TC-8016M		6000
日立 H8／3048F	秋月電子通商	AKI-H8	4	4000
	イエローソフト	H8／3048F CPUボード		7800
	ダイセン電子工業	PATH-1-F	128	8500
東芝 TMP95C061AF	タマデン工業	Zup-16s CPUボード	256	25000
日本電気 V25（μpd70320）	ベストテクノロジー	BTC001		15800
	日本システムデザイン	V25-P10	128	19800
	イビデン産業	SK-V25	32	12000
	田中電子	TC-V25a		9800
日本電気 V55PI（μpd70433）	日本システムデザイン	V55-P10	512	24000
	田中電子	TC-V55PI		13800
マイクロチップ PIC16F84A	秋月電子通商	PIC16F84マイコンモジュールキット	4	1600
	秋月電子通商	AKI-PICプラチナキットPIC16F84開発用	4	3000

　(a) AKI-80　　　　　　　　　　(b) AKI-H8

図2.5 おもなワンボードマイコンの外観

2.3 モータとコントロール回路

2.3.1 ロボトレーサのモータ

　ロボット用アクチュエータとして電動モータ，空気圧シリンダ，油圧シリンダなどが用いられている。ロボトレーサの走行用アクチュエータとして電動モータを使用する。本書では電動モータのうち，ロボトレーサの走行用アクチュエータとして，DCモータおよびステッピングモータの使い方を説明する。アクチュエータを選ぶ場合は，出力，応答性および制御性などを考慮する必要がある。ここでは，ロボトレーサの走行用モータに要求される性能を考えてみよう。

1　出　力

　モータの出力によってロボトレーサの速度およびトルク（前進およびスラロームする際の力に相当する）が決定する。大出力のモータを使用することによってロボットを高速化することが可能となるが，必然的にモータの重量が増してしまう。電池，メカニズム，ハードウェアなどを含めてロボット全体の重量バランスを考慮し，使用するモータの出力を決定しなければならない。

2　応答性

　ロボトレーサを高速走行させる場合，コースとロボットの軌道が異なると判断したら，直ちに左右のモータの回転数を変えて軌道をもとに戻さなければならない。このときモータの応答が悪いと，ロボット自身の慣性力によってコースからはずれてしまう。また，コンピュータからの回転指令信号に対して，モータの停止状態から目的の回転数に達するまでの時間が短い方が望ましい。工業用ロボットやNC工作機械[1]などに使用されるDCサーボモータ[2]は，この時間が短くなるように設計されている。

　モータの応答は，その種類（ステッピングモータ，DCモータ，ACモータなど）や負荷の大きさによって変化することに注意しなければならない。

3　制御性

　ステッピングモータはフィードバック[3]を行うことなく，高精度の位置決めを行うことが可能なモータである。したがって，ロボトレーサの走行用モータにステッピングモータを使用すれば，ロボット自身のコース上の位置を正確にコントロールすることが可能である。

---

[1] NC（数値制御）工作機械
テーブルの移動距離や移動速度，スピンドルモータの回転数などを数値化し，このデータによって自動的に加工する機械。NC旋盤，NCフライス盤などがある。自動車の溶接や組み立てなどを行う産業ロボットも一種のNC機械である。

[2] DCサーボモータ
フィードバック制御によって回転数をコントロールするための回転センサ（ロータリエンコーダやレゾルバなど）がモータ軸に取り付けてあり，応答をよくするためにGD^2を小さくした構造のDCモータ。GD^2のGは質量，Dはロータの直径である。直径が小さい（細長い構造）ほど慣性モーメントが小さく，応答が速い。

[3] フィードバック
出力信号を帰還することによって入力（指令値）と出力との差分を求め，その差分を小さくするようにして目標の出力に近づけていく操作。DCモータの回転数や回転角度を正確にコントロールするためには，DCモータと回転センサを接続し，回転センサによって得られた出力信号を入力側に帰還してフィードバックを行わなければならない。

第2章 ロボトレーサの基礎知識

ロボトレーサの走行モータとしてDCモータを使用した場合は，その回転角度を知るために回転センサ（ロータリエンコーダ[①]やレゾルバ[②]など）およびフィードバックを必要とする。このため，回路およびプログラムが複雑になる。モータシャフトに直接，回転センサを取り付けた産業用のエンコーダ付きDCモータもあるが，高価なものになってしまう。また，コースに直接回転センサを接触させてフィードバックを行う場合は，センサが常にコースに接触するような構造としなければならない。このような理由により，走行モータにDCモータを使用したロボトレーサでは，その回転角度や回転数のフィードバックを行わず，ラインセンサからの情報をもとにDCモータの回転数をオープンループ[③]でコントロールすることが多い。

2.3.2　DCモータとコントロール回路

ここでは，ロボトレーサの走行用モータとしてDCモータを使用することを想定して，その使い方を説明する。

1　DCモータの特徴

DCモータ（直流モータ）はロボット用アクチュエータとして多く用いられているモータである。表2.3にDCモータの特徴を示す。

表2.3　DCモータの特徴

特　長	欠　点
・効率がよい	・ノイズが発生する
・始動トルクが大きい	・寿命が短い（ブラシ交換が必要）
・小型軽量	
・回転数とトルクの制御が容易である	

DCモータは他の種類のモータと比べ，小型で大出力であるところに特長がある。また，直流電圧を印加することによって直ちに回転し，電流の方向を逆にするだけでその回転方向を切り替えることができるので，単に回転するだけであればDCモータのコントロールはきわめて容易である。

このようにDCモータは使いやすいモータであるが欠点もある。つまり，ブラシとコミュテータによる電流の断続によってノイズが発生すると同時に，ブラシの摩耗による寿命があることに注意しなければならない。ロボトレーサにDCモータを組み込みんで長時間運転した場合，ブラシの交換，またはモータごと交換することが必要になる。

これらのDCモータの欠点，つまりブラシ／コミュテータによるノイズおよび寿命の問題を解決するためブラシレスDCモータ[④]が開発されており，現

[①] ロータリエンコーダ
現在，最も多く使用されている回転センサ（回転数や回転角度を測定するためのセンサ）である。
多数のスリット（溝）を設けた円盤に光センサ（フォトインタラプタ）を取り付けて，光が通過したスリットの数を計数することによって回転数や回転角度を測定する。
身近なところでは，マウスの移動量検出装置として使用されている（マウスを分解してセンサ部を取り出して回転センサとして利用してもよい）。

[②] レゾルバ
磁気を用いた回転センサ。回転円盤に磁性体を配置し，この位置を検出することによって回転角度を求める。

[③] オープンループ
フィードバックを行わずに制御する方法。ステッピングモータは入力されたパルスに対し，所定の角度だけ正確に回転するのでフィードバックが不要であり，オープンループ制御を行うことができる。なお，フィードバック制御はクローズドループ（閉ループ）である。

[④] ブラシレスDCモータ
通常のDCモータ（ブラシ付きDCモータ）は，ロータの回転方向を一定にするためにブラシとコミュテータを用いて電流の方向を切り替えている。ブラシレスDCモータは，このブラシとコミュテータを位置（角度）センサと電子的なスイッチング素子に置き換えたものである。機械的に接触する部分がないため，ノイズの発生が少なく，同時に長寿命である。ブラシレスDCモータの位置センサとしてホール素子（磁気センサ）やロータリエンコーダ（フォトセンサ）などが，スイッチング素子としてトランジスタやFETが使用されている。

2.3 モータとコントロール回路

在では各種の産業機械のアクチュエータとして広く使用されている。ブラシレスDCモータは高価であり，制御回路も複雑になるので，本書で紹介するロボトレーサでは（ブラシ付き）DCモータを用いることにする。

また，産業用のロボットに用いられるDCモータではクローズドループ[①]による回転数のコントロールが一般的である。つまり，DCモータの回転角度や回転数を正確にコントロールするために，これらの情報を検出しフィードバックするためのセンサ（ロータリエンコーダ，レゾルバ，ポテンショメータなど）が使用されている。

2 DCモータの構造と動作原理

図2.6にDCモータの構造を示す。図(a)はDCモータの原理的な構造，(b)はDCモータのシンボル（図記号），(c)は実際のDCモータの構造例である。

DCモータはコイルを巻いたロータと永久磁石でできたステータによって構成されている。コミュテータとブラシを通してDCモータのコイルに電流を流すと，ロータコイルに磁界が発生し，その結果，ロータとステータの間に吸引力（または反発力）が発生してロータが回転する。このとき，コミュテータとブラシは電流の方向を切り替えて，DCモータを同一方向に回転する働きをする。

① クローズドループ
たとえば負荷の変動に対して，DCモータの回転数を一定にコントロールする場合を考えてみる。
① 回転センサによって回転数を検出する。
② 検出された回転数をもとにもどし，目的の回転数（目標値）の差分を求める。
③ この差分が小さくなるようにモータに印加する電圧を変更する。
以上の動作をくり返すことによって回転数を一定にすることができる。このように出力の一部を入力側に帰還（フィードバック）し，目標値との差分を小さくするようにコントロールする方法を負帰還（ネガティブフィードバック）といい，フィードバックループが閉じているのでクローズドループコントロールともいう。帰還しない場合をオープンループコントロールという。

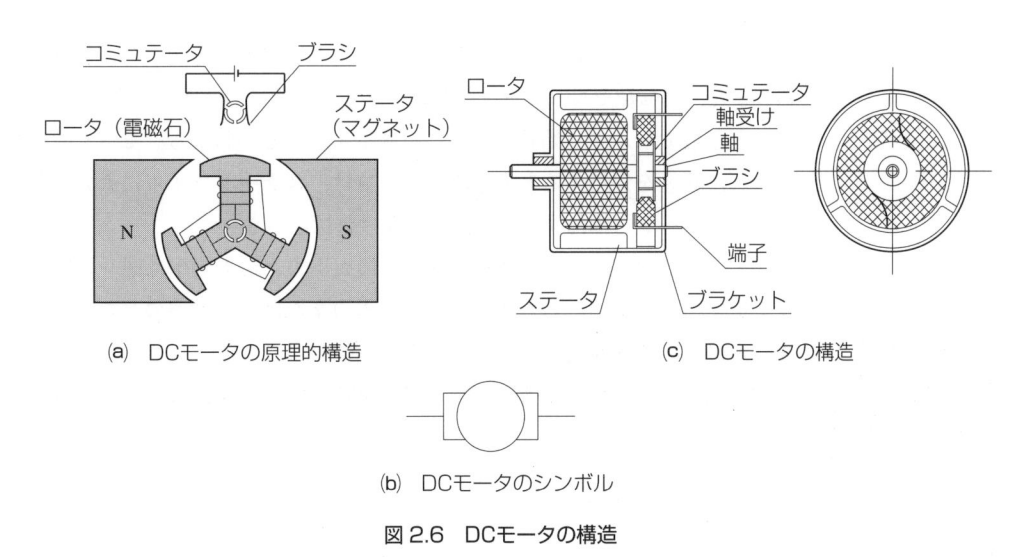

(a) DCモータの原理的構造

(c) DCモータの構造

(b) DCモータのシンボル

図2.6　DCモータの構造

3 DCモータの特性と減速比

図2.7はDCモータの特性である。このグラフはDCモータの選定に使用するもので，トルクTと回転数Nの関係を表す特性（T-Nカーブ），トルクTと流れる電流Iの関係を表す特性（T-Iカーブ），出力特性，効率特性を1つの

第2章 ロボトレーサの基礎知識

グラフにまとめたものである。図においてトルクがゼロのときの回転数を無負荷回転数，電流を無負荷電流，回転数がゼロのときのトルクを起動トルク，電流を起動電流という。また，定格トルクでの回転数を定格回転数，電流を定格電流という。

T-Nカーブから，DCモータは無負荷（負荷トルクがゼロ）のとき回転数は最大，回転数がゼロ（モータ軸をロックした状態）のときに最大トルクが発生していることがわかる。

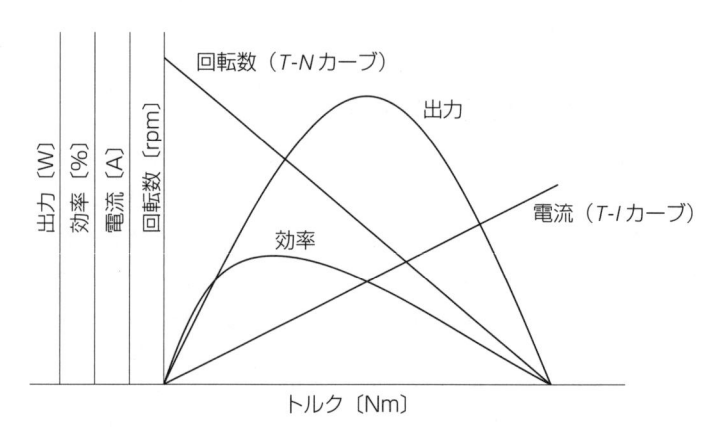

図2.7　DCモータの特性

T-Iカーブから，DCモータに発生するトルクは電流に比例することがわかる。また，回転数ゼロ（モータ軸をロックした状態）のとき最大電流が流れ，このとき最大トルク（始動トルク）を発生することがわかる。モータ軸をロックした状態を保持すると大電流が流れ続け，ステータコイルに過大な熱が発生し，モータを損傷するので注意しなければならない。

図2.7からわかるように，DCモータの最大出力と最大効率は同一の負荷トルク上で一致しない。したがって，最大出力または最大効率のどちらを優先するかによって減速比が変わってくる。

図2.8はDCモータの等価回路[①]である。図において，E_bは電源電圧，Iはモ

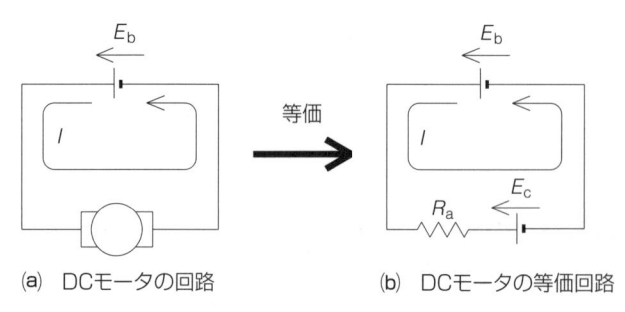

①DCモータの等価回路
実際のDCモータは機械的な接触部（ブラシとコミュテータ）をもつが，これをすべて電気的シンボルに置き換えた回路をDCモータの等価回路という。モータのカタログに指示されている内部抵抗や起電圧などは，この等価回路を基準にしている。

(a) DCモータの回路　　(b) DCモータの等価回路

図2.8　DCモータの等価回路

2.3 モータとコントロール回路

ータのステータコイルに流れる電流，R_a はモータの内部抵抗，E_c は逆起電圧である。これらの関係は次式のようになる。

$$E_b = R_a I + E_c$$

回転数が増すと逆起電圧 E_c が大きくなり，電流とトルクが減少する。また，回転数がゼロ（モータ起動時またはモータ軸をロックした状態）のときは逆起電圧 E_b はゼロとなるので，

$$E_b = R_a I$$

となり，最大電流が流れ，トルクも最大となる。この電流は内部抵抗 R_a で消費され，過大なジュール熱を発生する。

図2.7において，モータの回転回数が高くなると電流とトルクが減少しているが，これは等価回路および前式からわかるように，高速回転時においてコイルの逆起電圧 E_c が増大するからである。

4 DCモータのマイコン制御

図2.9にDCモータのマイコン制御ブロックを示す。

同図(a)はDCモータの単方向回転を行う方法であり，正転とフリー（停止）の2つの動作を行う場合に使用する。DCモータの制御回路は，インタフェース（IOポート[1]），およびパワーアンプによって構成される。CPUからデータバスを通して正転またはフリーに相当するデータを送り，インタフェースはこれらのデータに従ってパワーアンプに送出し，DCモータのコントロールを行う。

同図(b)はDCモータの双方向回転を行う方法であり，正転／逆転／ブレー

[1] IOポート
マイコンシステムにおいてデータの入出力を行うための専用回路をIOポート（I/Oポート）といい，入出力機器（周辺装置）とのインタフェースに用いられる。ロボトレーサではセンサデータの入力，モータ制御回路への出力などに使用する。

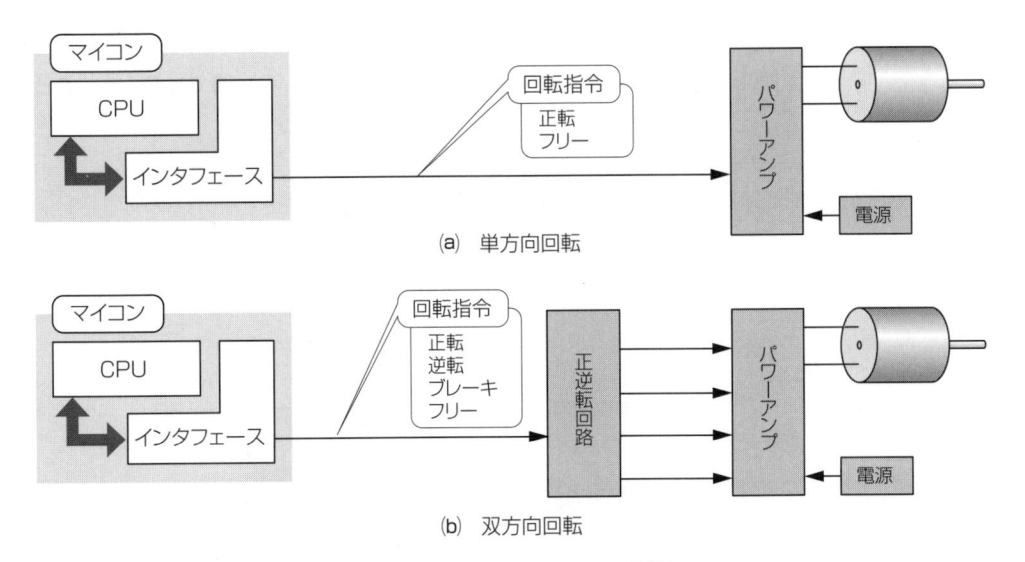

(a) 単方向回転

(b) 双方向回転

図2.9 DCモータのマイコン制御

第2章 ロボトレーサの基礎知識

① 正逆転回路
DCモータの回転方向を切り替える回路。DCモータの両端子に接続する電源の方向を切り替える動作を行う。正負の2電源を使用した場合ではスイッチング素子は2つ（ハーフブリッジ構成）ですが，ロボトレーサのように単電源で使用する場合，スイッチング素子は4つ（フルブリッジ構成）必要になる。なお，ロボトレーサの動作にブレーキ（または後退）を必要としない場合はモータの回転方向は一定でよいので，DCモータ1台に付き，スイッチング素子は1つですむ。

キ／フリーの4つの動作を行う場合に使用する。DCモータの制御回路は，インタフェース，モータの正転逆転をコントロールするための正逆転回路[①]，およびパワーアンプによって構成される。CPUからデータバスを通してインタフェースに正転／逆転／ブレーキ／フリーなどのデータを送る。インタフェースはこれらのデータに従った出力信号の組み合わせを発生し，正逆転回路に送出する。正逆転回路は各スイッチング素子のON／OFFを切り替えてモータの回転方向の制御と起動／停止の制御を行うと同時にスイッチング素子のショートを防ぐ。

5 DCモータのコントロール

リレー，スイッチング素子，専用ICなどを使用したロボトレーサ用のDCモータの制御回路を紹介する。

❶ DCモータのON-OFF制御

モータを単にON－OFFすることによって回転－停止する方法をON－OFF制御といい，リレー，パワートランジスタ，パワーMOS FETなどが使用されている。リレーは制御回路とモータ側回路を電気的に絶縁することができるので，モータ側で発生したノイズの影響を受けにくく，モータ側でトラブルが発生しても制御回路を安全に保護することができる特長がある。トランジスタやパワーMOS FETなどの半導体は高速スイッチングが可能なので，モータの回転数をコントロールすることができる。

図2.10はリレーによるDCモータのON－OFF制御回路の例である。回転または停止（フリー）の2つの動作を行う。ミニリレーNR.HD－5V（松下）のコイルを励磁するためにトランジスタ2SC1815を使用している。ダイオード1S1588はパワーリレーをOFFとしたときのリレーコイルの逆起電圧を吸収し，トランジスタを保護するためのものである。図ではDCモータとして

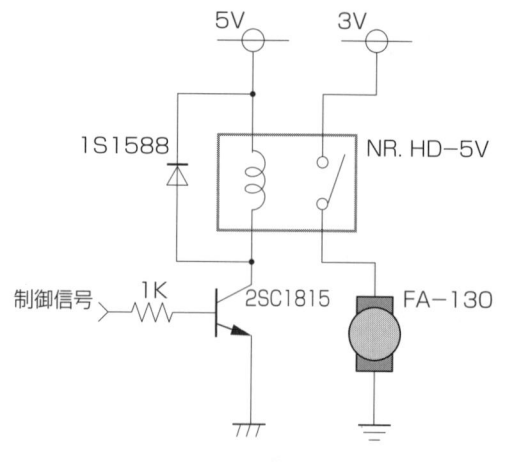

図2.10　リレーによるDCモータのON-OFF制御回路の例

2.3 モータとコントロール回路

ミニ四駆用のマブチFA−130を使用している。また、制御回路の電源は006P型乾電池（9V）から3端子レギュレータによって5Vを得て使用し、DCモータの電源は単2型乾電池（1.5V）を2本直列にして3Vで使用する。

図2.11はリレーによるDCモータの正逆転回路の例である。2つのリレーによってDCモータの正転／逆転／ブレーキの3つの動作をコントロールする。正逆転回路は、モータの両端子に接続する電源の方向を切り替えることによって正転、逆転をコントロールする回路であり、ブレーキ[①]をかけることが可能となる。ロボトレーサがラインを見失って完全に軌道をはずしてしまった場合、いったん、ブレーキをかけ、後退しながらもとのライン上に復帰するために、これらのブレーキと後退の機能があるとよい。

図2.12はトランジスタによるDCモータのON−OFF制御回路の例である。トランジスタ2SC1881はダーリントンパワートランジスタ[②]であり、3A程度のDCモータをコントロールすることができる。

①ショートブレーキ
図2.11の状態は入力信号IN1,IN2とも'0'であり、DCモータの両端子はGNDを通してショートしている。このときモータ軸に外部からトルクを加えて回転しようとすると、DCモータは発電機となって電流が流れる。この電流はモータの内部抵抗で消費され、ジュール熱となってモータにブレーキ作用が生ずる。この機能を利用して、高速で走行しているロボトレーサがコースからはずれた場合、ブレーキをかけて停止することができる。

②ダーリントンパワートランジスタ
内部でトランジスタを2段接続し、見かけ上の電流増幅率を大きくしたパワートランジスタ（図2.14参照）。

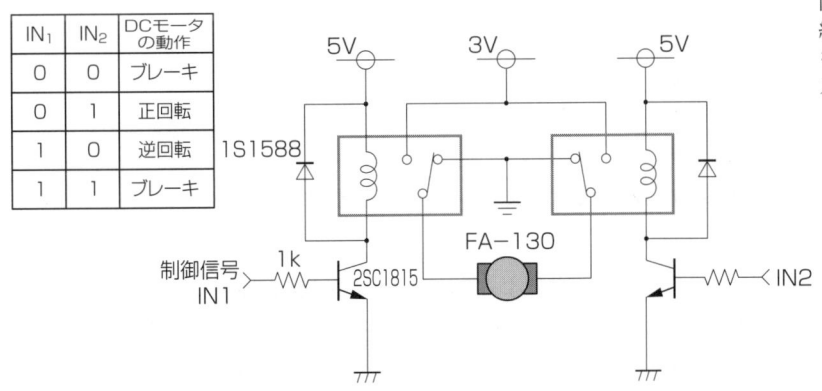

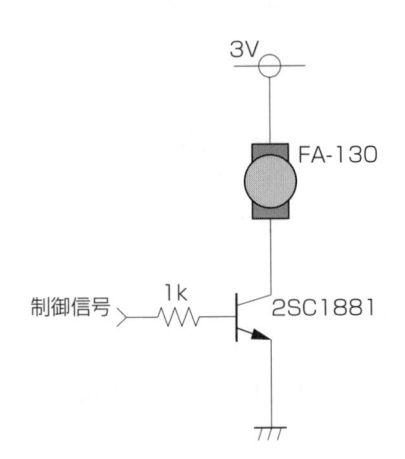

IN₁	IN₂	DCモータの動作
0	0	ブレーキ
0	1	正回転
1	0	逆回転
1	1	ブレーキ

図2.11　リレーによるDCモータの正逆転回路の例

図2.12　トランジスタによるDCモータのON-OFF制御回路の例

第2章 ロボトレーサの基礎知識

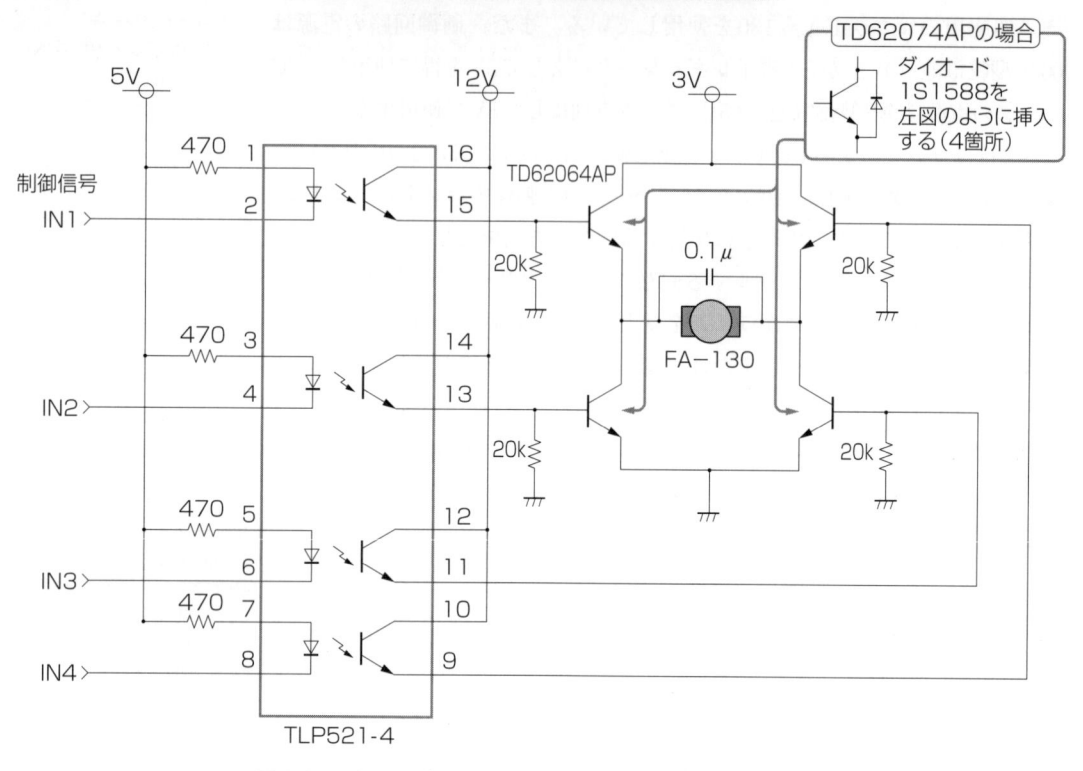

図2.13 トランジスタによるDCモータの正逆転回路の例

①フォトカプラ(photo coupler)
発光素子（LED）と受光素子（フォトトランジスタやフォトダイオード）を対向させて配置し，信号の伝達を行う素子。フォトカプラを使用して信号を伝達することにより，発光側の回路と受光側の回路の電源を別に（電源を分離）することによって受光側の回路で発生したノイズが発光側の回路に回り込まなくなる。

②TTLレベル
トランジスタで構成されたディジタルICをTTL(transistor transistor logic)ICといい，このTTL ICの入力および出力電圧のことをTTLレベルという。

　図2.13はトランジスタによるDCモータの正逆転回路の例である。4つのパワートランジスタによってDCモータの正転および逆転を行う。図ではダーリントンパワートランジスタアレイ（図2.14(a)東芝TD62064AP）を使用している。DCモータから発生するノイズが制御側に回り込まないようにすると同時にハイサイドスイッチ（上側のトランジスタ）の入力レベルを引き上げるためにフォトカプラ①TLP521-4（東芝）を挿入している。ダーリントンパワートランジスタアレイ（図2.14(b)東芝TD62074AP）を使用する場合は図中の破線で示すようにダイオードを挿入し，モータに流れる電流を遮断したときのモータコイルの逆起電圧を吸収してトランジスタの保護を行う必要がある。

　図2.15はパワーMOS FETによるDCモータの正逆転回路の例である。パワーMOS FETはパワートランジスタに比べてON抵抗が小さく，効率が高い。また，TTLレベル②で直接ドライブすることが可能なものも多いので，ロボトレーサの走行モータのような大出力のパワーコントロールを行うのに適している。図においてパワーMOS FET（NEC 2SK612）は，60V，2A程度までのDCモータをドライブすることが可能である。

　図のようにフルブリッジ構成のスイッチング素子をすべてNチャネルFET

2.3 モータとコントロール回路

(a) TD62064AP(50V, 1.5A)

(b) TD62074AP(50V, 1.5A)

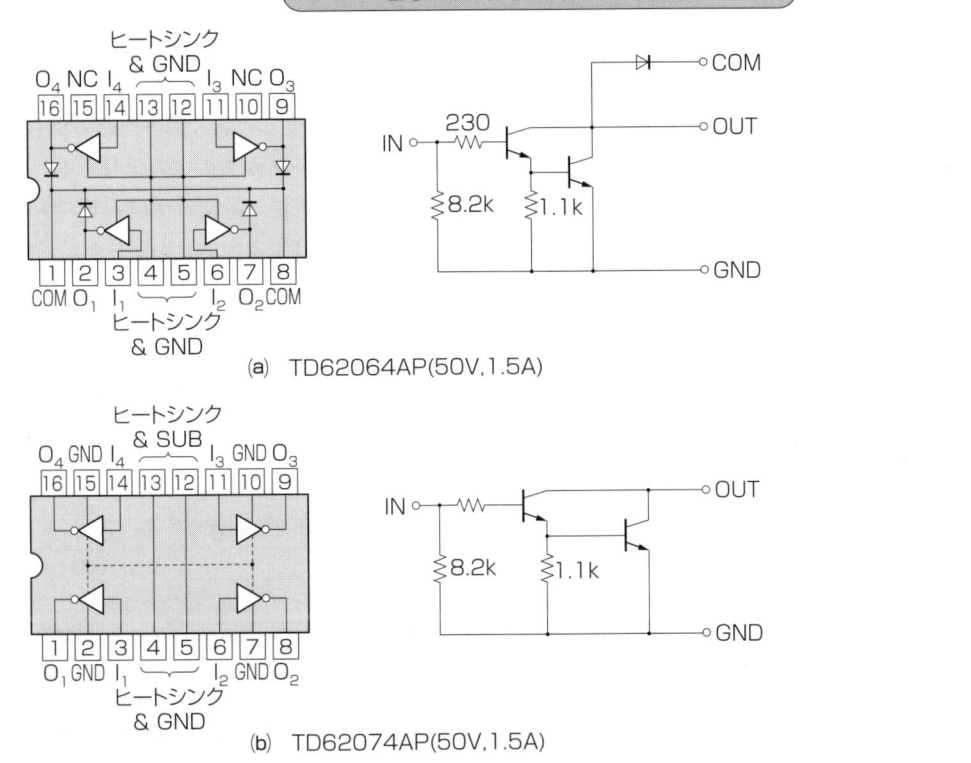

図2.14 ダーリントントランジスタアレイ(TD62064AP, TD62074AP)

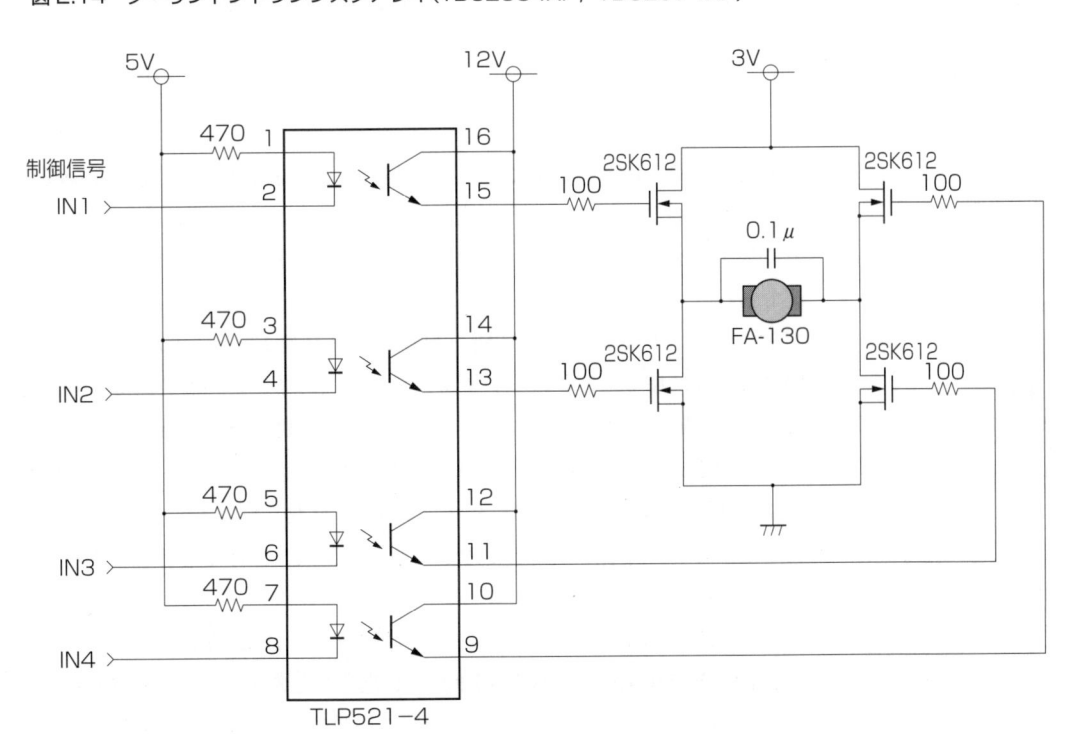

図2.15 パワーMOS FETによるモータの正逆転回路の例

第2章 ロボトレーサの基礎知識

で構成する場合，ハイサイドスイッチ（上側のFET）のゲートに印加する電圧をモータの電源電圧よりも高く（図では12V）設定する。図では電圧12Vを同じ電池からDC-DCコンバータで昇圧して得ている。図の回路の場合，パルス分配回路を省略してパラレルインタフェースからの入力信号を4ビット直接使用して，ソフトウェアによりモータの正転／逆転／ブレーキ／フリーの動作を決定している。上下のパワーMOS FETを同時にONとすると貫通電流[1]が流れ，パワーMOS FETを焼損してしまうので，プログラミング時には注意が必要である。

表2.4にロボトレーサの走行モータの正逆転回路に使用するパワーMOS FETの例を示す。

①貫通電流
負荷を通らずに直接，スイッチング素子内を電流が流れる状態。ショート（短絡）の状態となり，スイッチング素子を焼損してしまう。

表2.4　パワーMOSFET

品名	絶対最大定格				電気的特性（$T_a=25℃$）						
	V_{DSS} (V)	I_D		P_T 25℃ (W)	$\|Y_{DS}\|$ (S)			$R_{DS}(ON)$ (Ω)			
		DC (A)	Pulse (A)		V_{DS} (V)	I_D (A)	Min.	V_{GS} (V)	I_D (A)	Typ.	Max.
2SK542	150	±2	±3	25	10	1	0.5	10	1	1	1.5
2SK611	100	±1	±3	10	10	0.5	0.2	4	0.2	5	6
2SK612	100	±2	±8	10	10	1	1	4	0.8	0.35	0.6
2SK654	100	±1	±3	10	10	0.5	0.5	4	0.2	1.7	4
2SK679	30	±0.5	±1.5	0.75	10	0.5	0.4	4	0.5	0.95	1.5
2SK680	30	±1	±2	1	10	0.5	0.4	4	0.5	0.95	1.5
2SK681	30	±1	±2	1	10	0.5	0.4	4	0.5	0.95	1.5

②PWM (pulse width moduration)
繰り返し波形（方形波）の1周期におけるHiレベルの幅を変調する変調方式。モータの回転数制御に多く用いられている。

③相互コンダクタンス
FETのドレイン-ソース間のインピーダンスの逆数。単位はジーメンス〔S〕である。

④フランジ
パワートランジスタやパワーMOS FETには放熱を行うため金属板が付いている。この金属部分をフランジといい，ヒートシンクを取り付けることができるようになっている。

使用するDCモータの最大電流（起動電流）が最大ドレイン電流$I_{D(DC)}$を満たすようにパワーMOS FETを選定する。$I_{D(Pulse)}$はモータ電流をPWM[2]によってスイッチングし，その回転数をコントロールする場合の最大ドレイン電流である。

$|Y_{DS}|$はドレイン-ソース間の相互コンダクタンス[3]，また，$R_{DS(ON)}$は，FETがONになったときのドレイン-ソース間のインピーダンスであり，この$R_{DS(ON)}$の値が小さいほどスイッチングによる損失と発生する熱量が少なくなる。発熱が多い場合はパワーMOS FETを破壊してしまうので，パワーMOS FET本体のフランジ[4]にヒートシンク[5]を取り付けるか，パワーMOS FETをロボット本体のアルミシャシやボディに取り付けるなどして放熱を行う必要がある。

V_{GS}が4Vと指示されているパワーMOS FETは4V駆動が可能なものであり，TTL ICやCMOS ICおよびPIO[6]やCTC[7]などのインタフェースLSIから直接ドライブすることができるので回路を簡単に構成することが可能になる。

図2.15で紹介した正逆転回路のようにすべてのスイッチング素子をNチャ

2.3 モータとコントロール回路

ネルパワーMOS FETでフルブリッジ構成する場合は，ハイサイドスイッチ（上側のFET）のゲートに印加する電圧をモータの電源電圧よりも高く設定しなければならない。モータや制御回路の電源からこれらの高い電圧を得るためにはDC-DCコンバータによって昇圧すると，新たに電源を用意する必要がなくなる。

図2.16にステップアップレギュレータによるDC-DCコンバータの例を示す。図(a)はマイクロマウスのセンサ用電源として製作したもので，制御回路用の電池（単3型Ni-Cd電池を4本直列：4.8V, 600mAh）から12Vを得ている。ステップアップレギュレータIC（図2.16(a)：マキシム MAX63＊）はスイッチングに必要な発振回路や比較回路などをワンチップにまとめたコンパクトなDC-DCコンバータICである。同図(b)はステップアップレギュレータIC（ナショナルセミコンダクタLM2577T-12）により，500mA程度の電流を供給することが可能である。コンデンサ330nFと抵抗2kΩによって発振周波数を決定する。端子FBが"L"の期間にスイッチング用ダイオードDを通

⑤ヒートシンク（p.24）
放熱板。アルミニウムや銅などの熱伝導の良い素材を用いる。放熱効果を高めるため，フィンを設けて表面積を多くすることもある。

⑥PIO（p.24）
パラレル入出力デバイス。本書ではザイログ社の汎用パラレルインタフェースデバイスLSIのZ80PIOをPIO（parallel input output）と称している。そのほか，PIOにはインテル社のi8255PPI, モトローラ社のMC6821などがある。本書ではセンサおよびモータのコントロールにPIOを使用する。

⑦CTC（p.24）
カウンタ／タイマデバイス。本書ではザイログ社の汎用カウンタ／タイマインタフェースデバイスLSIのZ80CTCをCTC（counter timer circuit）と称している。そのほか，CTCにはインテル社のi8253PIT, i82543PITなどがある。

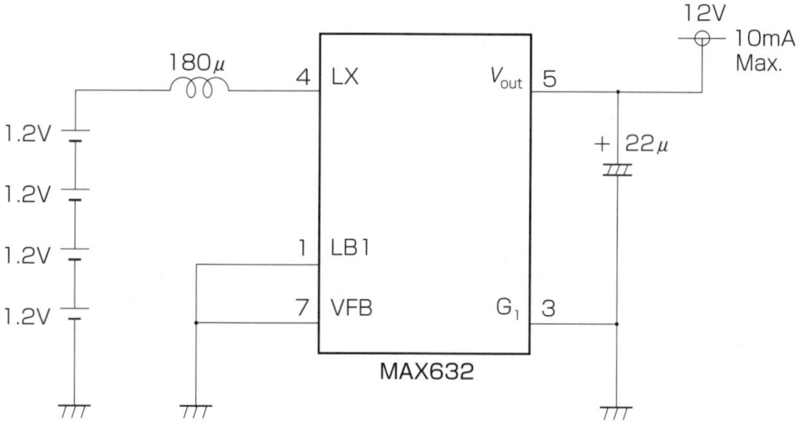

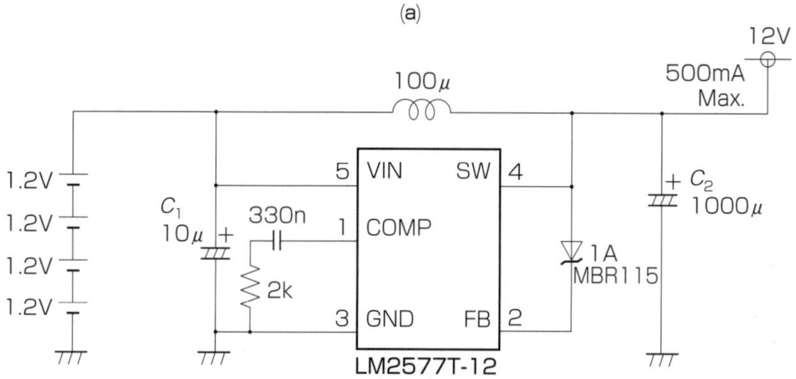

図2.16 ステップアップレギュレータによるDC-DCコンバータの例

してインダクタンスLにエネルギーが蓄積され，これが端子FBが“H”の期間に出力コンデンサの両端電圧に加算して出力され，昇圧する。端子SWに入力される電圧を一定にするようにスイッチング動作をPWMによってコントロールしている。スイッチング用ダイオードは1A，15V以上の高速スイッチングが可能なダイオード（モトローラ　MBR115など）が適している。

図2.17に専用のDC－DCコンバータモジュール（イーター電機工業OBQ12SC05）を示す。このモジュールはシステム内で1つの電源から負荷ごとに電力を変換して供給するためのもので，OA，情報，通信，制御などの分野で広く使用されている。

このDC－DCコンバータモジュールは入力電圧の範囲（DC4.5〜6V）を12Vまで昇圧することができ，出力電流は最大0.25Aである。

たとえばロボトレーサの走行用モータの電源としてNi－Cd電池（1.2V，

■仕様

入力	入力電圧範囲	DC4.5〜6V	出力	出力電圧	0.25A
	無負荷入力電流	20mA		電圧	12V±0.24V
効率		75%		リップルノイズ	100m$V_{p\text{-}p}$(Max)
外形寸法		20×32×10mm	重量		6gf

■プリント基板実装穴加工寸法

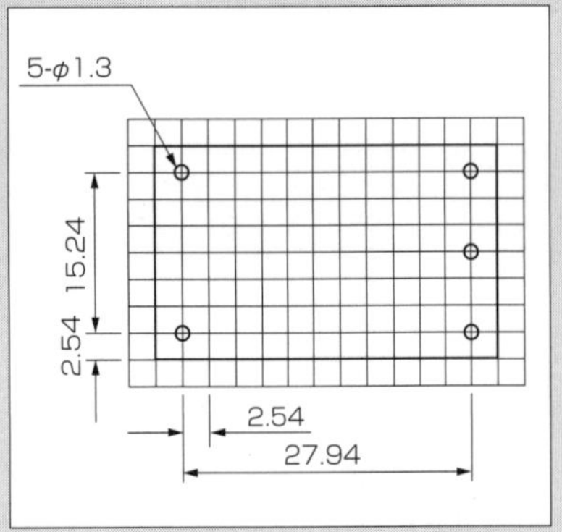
5-φ1.3
15.24
2.54
2.54
27.94

■外形寸法(mm)

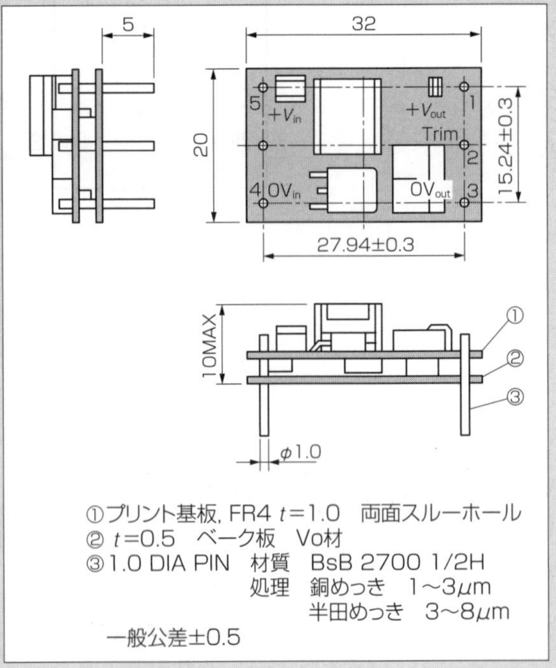
5
32
20
+Vin
+Vout
Trim
0Vin
0Vout
1
2
3
4
5
15.24±0.3
27.94±0.3
10MAX
①
②
③
φ1.0
①プリント基板，FR4 t=1.0　両面スルーホール
② t=0.5　ベーク板　Vo材
③1.0 DIA PIN　材質　BsB 2700 1/2H
処理　銅めっき　1〜3μm
半田めっき　3〜8μm
一般公差±0.5

■端子台接続図

No.	接　続
1	$+V_{out}$
2	trimming
3	$0V_{out}$
4	$0V_{in}$
5	$+V_{in}$

図2.17　DC-DCコンバータモジュール(OBQ12S05)

2.3 モータとコントロール回路

600mAh)を4本直列にして4.8Vとし,フルブリッジドライバによって正逆転コントロールを行う場合,ハイサイドスイッチ[①]をドライブするための電源として,このDC-DCコンバータモジュールを使用することが考えられる。

図2.18に専用ICによるDCモータの正/逆転回路を示す。1つのモータコ

[①]ハイサイドスイッチ
モータの回転方向を切り替える場合,単電源の回路においては電流の方向を切り替えるためにスイッチング素子を4つ使用し,フルブリッジ構成とするが,このとき電源に近い側のスイッチング素子をハイサイドスイッチという。

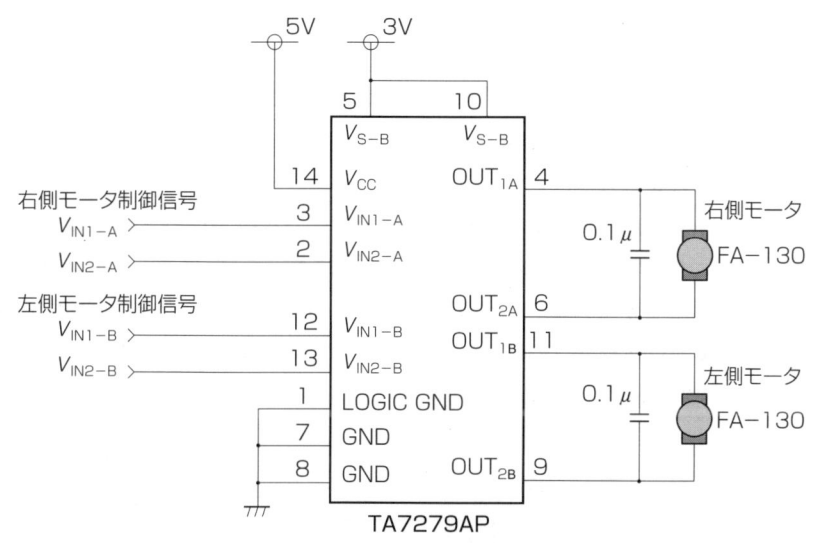

図2.18 専用IC(TA7279AP)によるDCモータの正/逆転回路

[②]フリー
DCモータの両端子をオープン(開放)とした状態。外部からモータ軸にトルクを加えると空回りする。DCモータの両端子をショートした場合とは逆にブレーキはかからない。

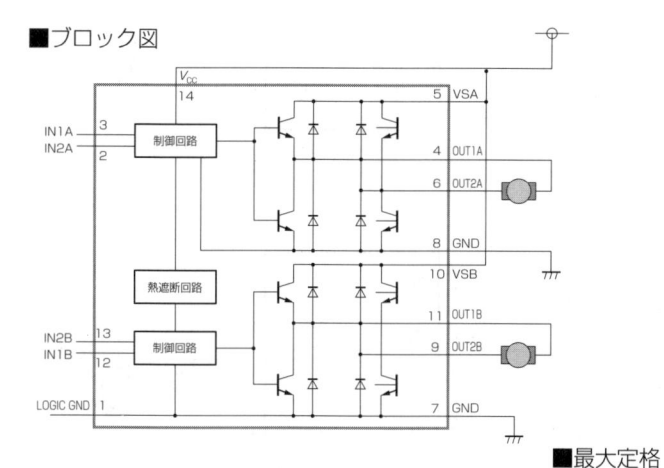

■ブロック図

■外形寸法

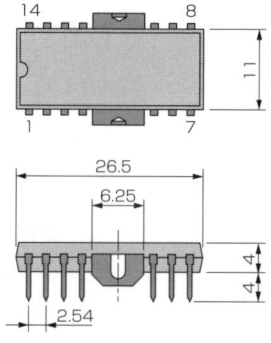

■真理値表

IN1	IN2	OUT1	OUT2	DCモータの動作
1	1	L	L	ブレーキ
0	1	L	H	正回転
1	0	H	L	逆回転
0	0	ハイインピーダンス	フリー[②]	

■最大定格

項 目		記号	定格	単位
電源電圧	最大	V_{CC} MAX	25	V
	動作	V_{CC} ope	18	V
電源電流	ピーク	I_O Peak	2.5	A
	AVE	I_O AVE	1.0	A
消費電力(T_c=75℃)		P_O	12.5	W
動作温度		T_{opr}	−30〜75	℃
動作温度		T_{stg}	−55〜150	℃

図2.19 DCモータ専用IC(TA7279AP)

ントロール専用IC（図2.19：東芝 TA7279AP）によって2台のモータをコントロールすることができる。このICをヒートシンクによって十分に放熱することで24V，1A程度までのDCモータをドライブすることが可能である。

　図2.20に専用IC（図2.21：東芝 TA7257P）によるDCモータの正／逆転回路を示す。1つのモータコントロール専用ICによって1台のモータをコントロールすることができる。

　このICをヒートシンクによって十分に放熱することで18V，1.5A程度（PWMでスイッチングした場合はピーク4.5A）までのDCモータをドライブすることが可能である。

　図2.22に専用IC（図2.23：東芝 TA8440H）によるDCモータの正／逆転回路を示す。1つのモータコントロール専用ICによって1台のモータをコントロールすることができる。このICをヒートシンクによって十分に放熱することで50V，1.5A程度（PWMでスイッチングした場合はピーク3.0A）までのDCモータをドライブすることが可能である。

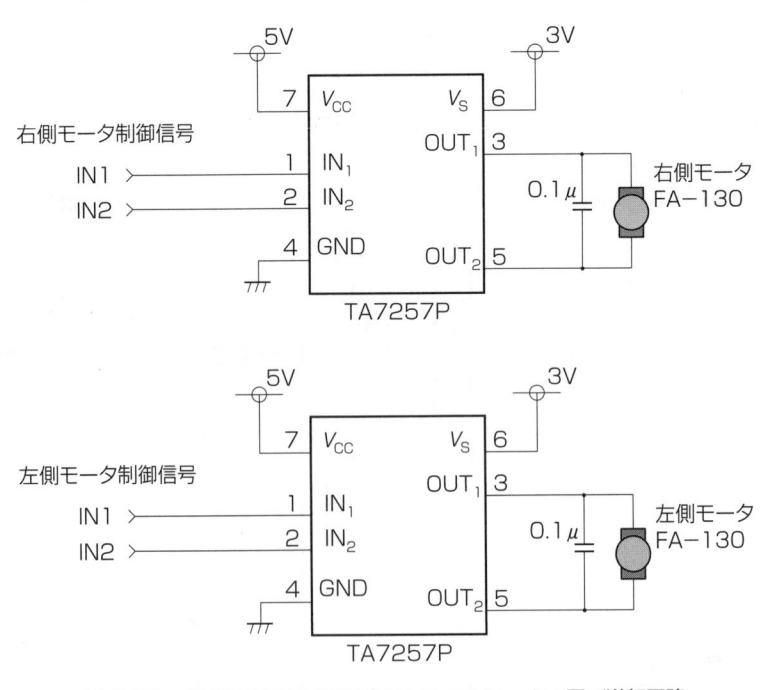

図2.20　専用IC(TA7257P)によるDCモータの正／逆転回路

2.3 モータとコントロール回路

■ブロック図

■外形寸法

■真理値表

IN$_1$	IN$_2$	OUT$_1$	OUT$_2$	DCモータの動作
1	1	L	L	ブレーキ
0	1	L	H	正回転
1	0	H	L	逆回転
0	0	ハイインピーダンス		フリー

■最大定格

項　目		記号	定格	単位
電源電圧	最大	$V_{CC\ MAX}$	25	V
	動作	$V_{CC\ ope}$	18	V
電源電流	ピーク	$I_{O\ Peak}$	4.5	A
	AVE	$I_{O\ AVE}$	1.5	A
消費電力(T_c=75℃)		P_O	12.5	W
動作温度		T_{opr}	−30〜75	℃
動作温度		T_{stg}	−55〜150	℃

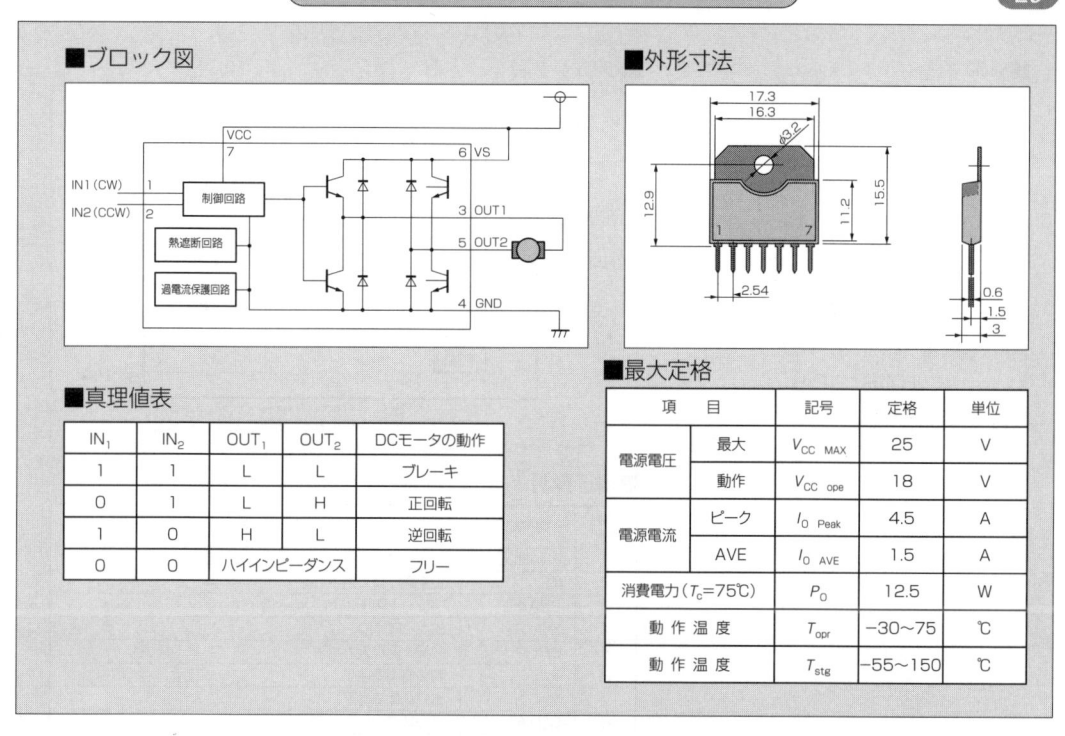

図 2.21　DCモータ専用IC(TA 7257 P)

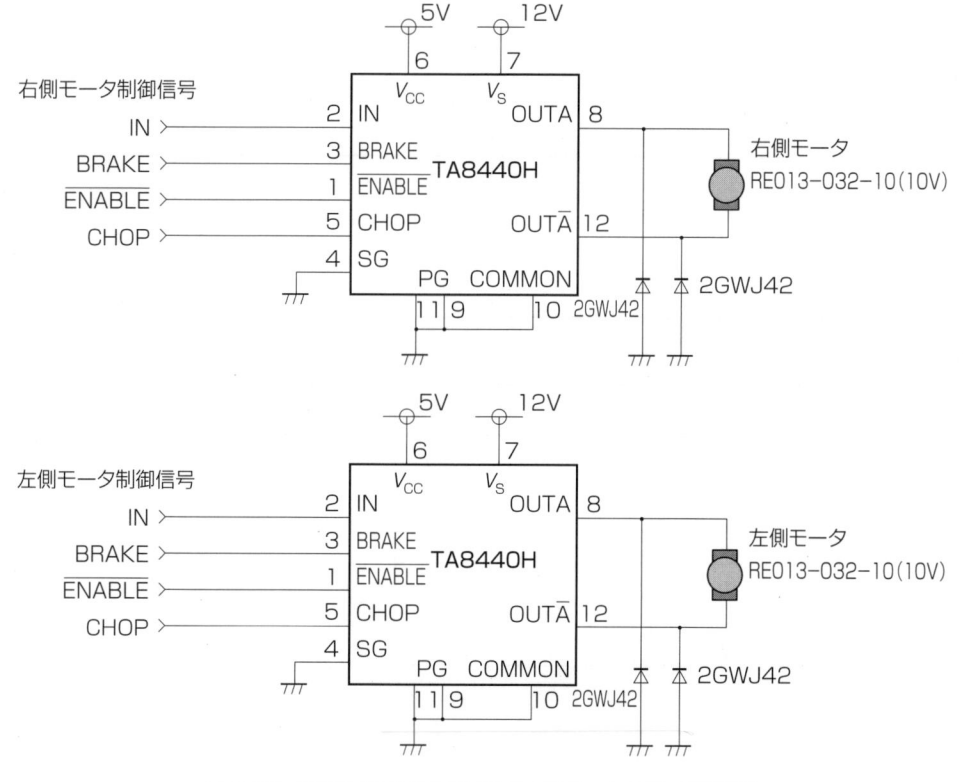

図 2.22　専用IC(TA 8440 H)によるモータの正／逆転回路

第2章 ロボトレーサの基礎知識

■外形寸法

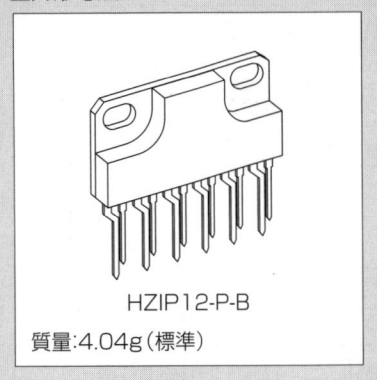

HZIP12-P-B
質量：4.04g（標準）

■ブロック図

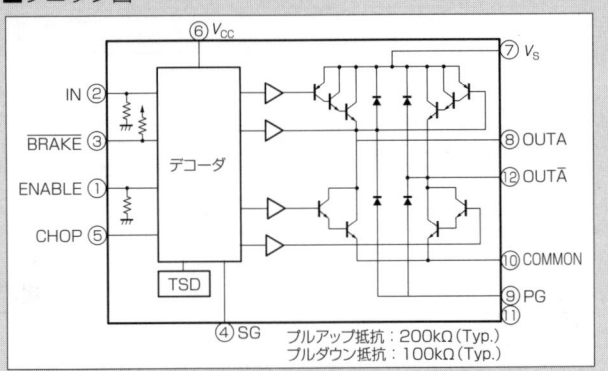

プルアップ抵抗：200kΩ (Typ.)
プルダウン抵抗：100kΩ (Typ.)

■端子説明

端子番号	端子記号	端子説明
1	ENABLE	イネーブル端子、"L"のとき出力OFF
2	IN	正逆切り替え端子
3	$\overline{\text{BRAKE}}$	ブレーキ端子、"L"のとき出力"L"
4	SG	Signal GND
5	CHOP	PWM信号入力端子
6	V_{CC}	制御側電源端子
7	V_S	出力側電源端子
8	OUTA	出力端子
9	PG	Power GND
10	COMMON	COMMON端子
11	PG	Power GND
12	OUT$\overline{\text{A}}$	出力端子

■真理値表

入力				出力		出力モード
IN	$\overline{\text{BRAKE}}$	ENABLE	CHOP	OUTA	OUT$\overline{\text{A}}$	
H	H	H	L	H	L	CW/CCW
L	H	H	L	L	H	CCW/CW
*	*	L	*	∞	∞	STOP
*	L	H	*	L	L	BRAKE
H	H	H	H	∞	L	CHOP
L	H	H	H	L	∞	CHOP

＊：Don't Care　∞：ハイインピーダンス

■最大定格（T_a=25℃）

項目		記号	定格	単位
電源電圧		V_{CC}	7	V
		V_S	50	
入力電圧		V_{IN}	$-0.3\sim V_{CC}$	V
出力電流	AVE	$I_{O(AVE)}$	1.5	A
	PEAK	$I_{O(PEAK)}$	3.0(注1)	A
消費電力		P_D	2.52(注2)	W
			25.0(注3)	
動作温度		T_{opr}	$-30\sim75$	℃
保存温度		T_{stg}	$-55\sim150$	℃

（注1） t=100ms
（注2） 放熱板なし
（注3） T_c=75℃

図2.23(a)　DCモータ用フルブリッジドライバ（TA8440H）

2.3 モータとコントロール回路

■電気的特性(V_{CC}=5V, V_S=24V, T_a=25℃)

項　　目		記　号	測定回路	測定条件		最小	標準	最大	単位
入力電圧	High	$V_{IN(H)}$	1	IN, CHOP, ENABLE, $\overline{BRAKE}$		3.5	—	V_{CC}	V
	Low	$V_{IN(L)}$				GND	—	1.5	
入力電流	High	$I_{IN-1(H)}$	1	CHOP	V_{IN}=5V	—	5	52	μA
		$I_{IN-2(H)}$		IN, ENABLE		—	40	60	
		$I_{IN-3(H)}$		$\overline{BRAKE}$		—	0	5.5	
入力電流	Low	$I_{IN-1(L)}$		CHOP	V_{IN}=0V ソースタイプ	—	0	5.5	
		$I_{IN-2(L)}$		IN, ENABLE		—	0	5.5	
		$I_{IN-3(L)}$		$\overline{BRAKE}$		—	25	52	
消費電流（Ⅰ）		I_{CC1}	2	ストップ		—	6	10.5	mA
		I_{CC2}		フォワード/リバース		—	10	14.5	
		I_{CC3}		ブレーキ		—	14	18.5	
消費電流（Ⅱ）		I_{S1}	2	ストップ		—	2	4.2	mA
		I_{S2}		フォワード/リバース		—	3.5	5.0	
		I_{S3}		ブレーキ		—	2.5	3.7	
出力飽和電圧	上側	V_{sat-U1}	3	I_{OUT}=1.5A		1.5	2.0	2.7	V
	下側	V_{sat-L1}				0.7	1.25	1.9	
	上側	V_{sat-U2}		I_{OUT}=3.0A		2.7	3.0	3.9	
	下側	V_{sat-L2}				1.7	2.0	2.9	
ダイオード順方向電圧	上側	V_{F-U1}	—	I_{OUT}=1.5A		—	3.5	—	V
	下側	V_{F-L1}				—	1.3	—	
出力リーク電流	上側	I_{OH}	4	V_S=30V		—	—	200	μA
	下側	I_{OL}				—	—	100	
シャットダウン温度		T_{SD}	—	—		—	170	—	℃
伝達時間		t_{pLH}	—	IN-OUT		—	2.7	—	μs
		t_{pHL}				—	1.2	—	
		t_{pLH}		CHOP-OUT		—	0.7	—	
		t_{pHL}				—	2.5	—	
		t_{pLH}		ENABLE-OUT		—	2.9	—	
		t_{pHL}				—	1.1	—	
		t_{pLH}		$\overline{BRAKE}$-OUT		—	45	—	
		t_{pHL}				—	45	—	

（測定回路1）$V_{IN(H)}$, $V_{IN(L)}$, $I_{IN(H)}$, $I_{IN(L)}$

（測定回路2）I_{CC1}, I_{CC2}, I_{CC3}, I_{S1}, I_{S2}, I_{S3}

（測定回路3）V_{sat-L}, V_{sat-U}

（測定回路4）I_{OH}, I_{OL}

図 2.23(b) DCモータ用フルブリッジドライバ（TA 8440 H）

第2章　ロボトレーサの基礎知識

❷　DCモータのPWM制御

図2.24にDCモータのPWM制御の原理を示す。同図(a)のリニア制御方式はトランジスタを抵抗器のように使用する方式であり，トランジスタのベースに加える電圧をアナログ的に変化させてDCモータの回転数を制御する。つまり，トランジスタのコレクター-エミッタ間の抵抗を直線的に変化させてDCモータの回転数を制御している。リニア制御方式では電流波形を変化させないでモータの回転数を変化させることができるので，モータのブラシ・コミュテータ[1]に与える影響が少なく滑らかな回転が可能であるが，トランジスタのコレクター-エミッタ間の抵抗で電力を消費してしまうので，エネルギー効率が低い。

①ブラシ・コミュテータ
DCモータは，コイルを巻いたロータと永久磁石でできたステータによって構成されている。回転方向を一定に保つために，ブラシとコミュテータによってコイルに流れる電流の方向を自動的に切り替えていく構造になっている。

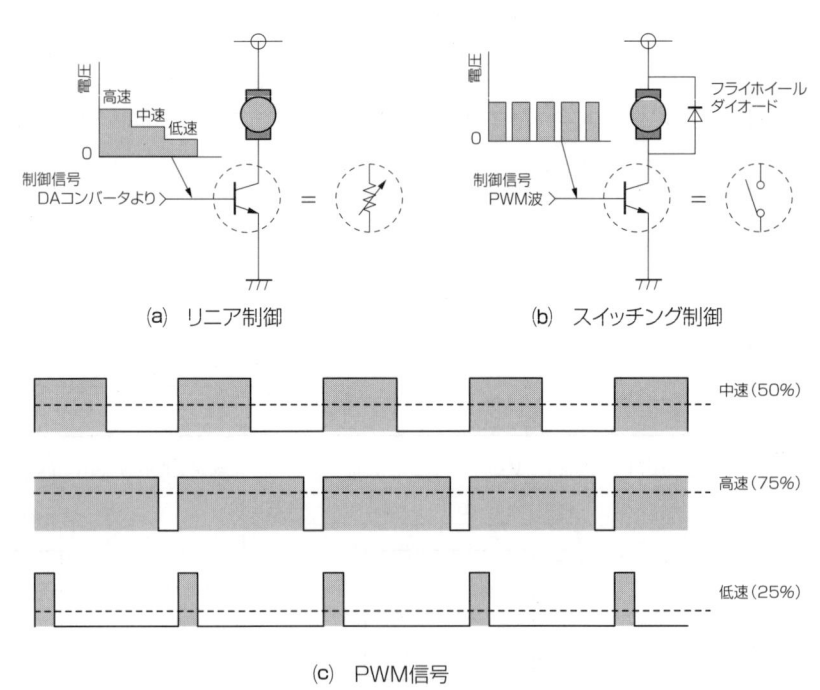

図2.24　PWM制御の原理

(a)　リニア制御
(b)　スイッチング制御
(c)　PWM信号

同図(b)のスイッチング制御方式はトランジスタをスイッチとして使用する方式であり，トランジスタを高速スイッチングすることによってDCモータの回転数を制御する。つまり，トランジスタのコレクター-エミッタ間をON（ショート）またはOFF（オープン）とし，ONに相当する時間を変化させることでDCモータの回転数を制御する。トランジスタのスイッチング周波数の範囲は1kHz～数十kHzであり，使用するモータやスイッチング素子によって最適な値を選ぶことになる。

PWM（pulse width modulation：パルス幅変調）はスイッチングによるパ

2.3 モータとコントロール回路

ルス変調方式の一種である。繰り返しパルスでスイッチング素子をON－OFFし、1周期におけるONとOFFの比率（デューティ比）を変化させることによってモータに流れる電流の平均値を変化させる。同図(c)はPWM信号の例である。図において破線はモータに流れる電流の平均値である。

6　DCモータ選定の条件とギアドモータの例

ロボトレーサの走行アクチュエータとしてDCモータを使用する場合、その選定条件を考えてみよう。

❶ サイズ

モータ本体がコンパクトであること。ギアヘッド付きDCモータを使用すれば、減速機構もコンパクトにすることができる。

❷ 重　量

軽量であること。使用目的によって多くの種類のDCモータがあるので、軽量のモータを選ぶこと。

❸ 消費電力（電流）

ロボトレース競技では3分の持ち時間が与えられるが、ここでは、余裕をもって15分で電池を完全に消費すると考えてみよう。

ニッケルカドミウム電池（600mAh）を10本直列として、電圧は

$$1.2 \times 10 = 12V$$

ロボトレーサ全体の最大消費電流をxとすると、

$$\frac{600}{x} = \frac{15}{60}$$

よって $x = 2400$mA

使用する走行用DCモータを2台、また、走行用モータ以外の回路の平均消費電流を200mAとすると、モータ1台あたりが消費することが可能な最大消費電流は、

$$\frac{2400 - 200}{2} = 1100 \,[\text{mA}]$$

となる。これはロボトレーサの走行用モータとして十分なトルクを発生し得る電流である。

❹ 電　圧

使用するモータの定格電圧が電池の電圧に適合していること。

❺ ギアヘッド

DCモータは回転数が高くトルクが小さいので、減速して使用しなければならない。ロボトレーサの走行用モータの減速および伝動には以下のような方法がある。

・平歯車（スパーギア）によってギアトレイン[①]を構成する方法

[①]ギアトレイン
歯車の連続配置。大きな減速比を得る場合や、軸間距離を大きくとる場合にこのように配置する。

第2章 ロボトレーサの基礎知識

- ウォーム歯車とウォームホイールによる方法
- プーリとタイミングベルト[1]による方法
- ギアヘッド[2]付きモータ（ギアドモータ）を用いる方法

上記の方法などを組み合わせて減速し，ロボトレーサの走行部を構成する。構造が複雑になるとロボトレーサ全体の重量に影響し，また，加工精度が低いと効率が低下してしまうので注意が必要である。

❻ ギアドモータの例

図2.25にギアドモータの例（ツカサ電工 TG‑01‑RU）を示す。

① タイミングベルト
内側に等間隔の歯を配置したベルト。プーリも歯車状に歯を配置してある。通常のベルトのような"すべり"が発生しない。

② ギアヘッド
モータ軸に直結して減速する減速機構。ギアドモータはモータとギアヘッドを組み合わせたものである。

■外形寸法図

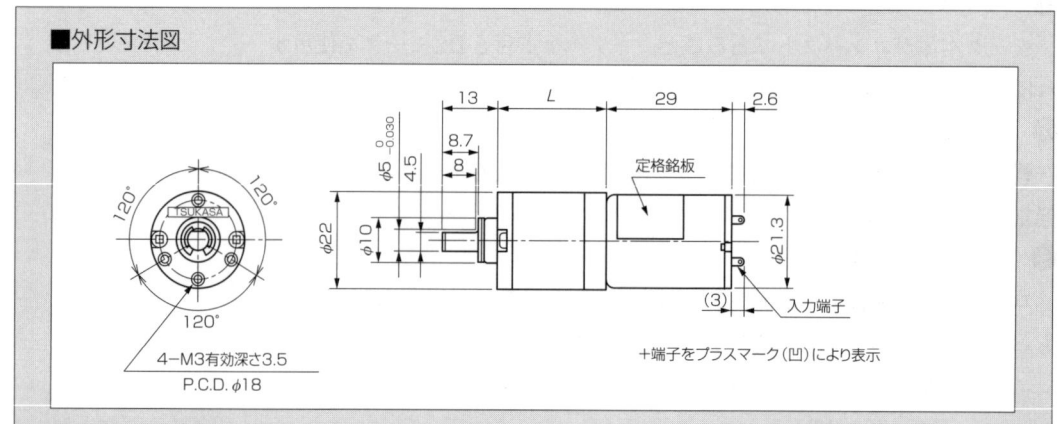

■モータ単体仕様

機種名		TG-01F	TG-01G	TG-01H
定格電圧 [V]		24	24	12
無負荷回転数 [r/min]		4800	8500	8500
無負荷電流 [mA]		14	20	40
定格トルク	[mN-m]	0.98	0.98	0.98
	[g-cm]	10	10	10
定格回転数 [r/min]		4250	8000	8000
定格電流 [mA]		36	60	110
回転方向		両方向(CW)		
質量 [g]		40		

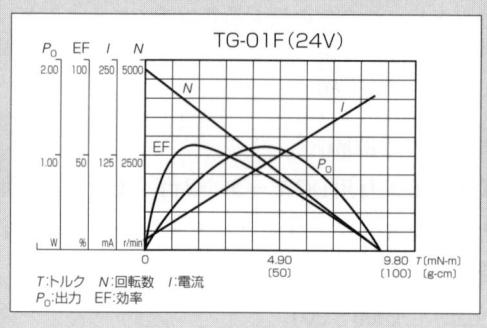

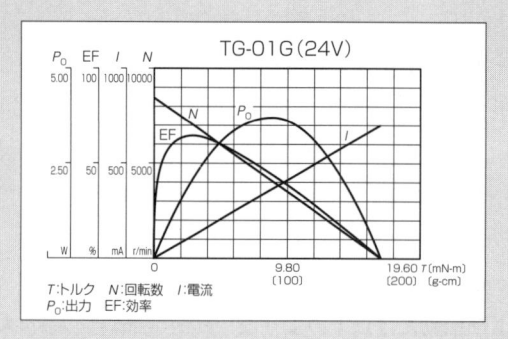

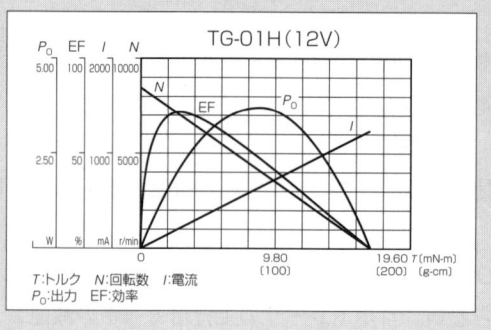

図2.25(a) DCギアドモータ(TG-01-RU)

2.3 モータとコントロール回路

■ギヤドモータ(定格トルク／回転数一覧表)

型式	減速比	$\frac{1}{3.7}$	$\frac{1}{5}$	$\frac{1}{13.4}$	$\frac{1}{18.3}$	$\frac{1}{25}$	$\frac{1}{49.3}$	$\frac{1}{67.2}$	$\frac{1}{91.7}$	$\frac{1}{125}$	$\frac{1}{181}$	$\frac{1}{246}$	$\frac{1}{336}$	$\frac{1}{458}$	$\frac{1}{625}$
TG-01F-RU (24V)	回転数 (r/min)	1093	809	302	228	169	82.5	61	44.1	33.2	23.3	17.4	12.9	9.5	7
	トルク (mN-m)	2.94	3.92	9.8	9.8	9.8	29.4	39.2	58.8	58.8	58.8	58.8	58.8	58.8	58.8
	トルク (kg-cm)	0.03	0.04	0.1	0.1	0.1	0.3	0.4	0.6	0.6	0.6	0.6	0.6	0.6	0.6
TG-01G-RU (24V)	回転数 (r/min)	2053	1519	567	424	314	155	114	82.8	62	43.2	32.2	23.8	17.5	12.9
	トルク (mN-m)	2.94	3.92	9.8	9.8	9.8	29.4	39.2	58.8	58.8	58.8	58.8	58.8	58.8	58.8
	トルク (kg-cm)	0.03	0.04	0.1	0.1	0.1	0.3	0.4	0.6	0.6	0.6	0.6	0.6	0.6	0.6
TG-01H-RU (12V)	回転数 (r/min)	2067	1530	571	427	316	156	115	83.4	62.4	43.5	32.4	23.9	17.6	13
	トルク (mN-m)	2.94	3.92	9.8	9.8	9.8	29.4	39.2	58.8	58.8	58.8	58.8	58.8	58.8	58.8
	トルク (kg-cn)	0.03	0.04	0.1	0.1	0.1	0.3	0.4	0.6	0.6	0.6	0.6	0.6	0.6	0.6
取付け面より見た回転方向	＋端子に＋を印加したとき	CW													

■RUギヤ単体仕様

減速比	L (mm)	段数	許容トルク (mN-m)	許容トルク (kg-cm)	質量 (g)
1/3.7〜1/5	15.5	1	29.4	0.3	24
1/13.4〜1/25	20.5	2	58.8	0.6	27
1/49.3〜1/125	25.5	3	58.8	0.6	30
1/181〜1/625	30.5	4	58.8	0.6	33

図 2.25(b) DCギアドモータ(TG-01-RU)

- 定格電圧12V(TG－01H)，24V(TG－01F，TG－01G)のいずれかのDCモータを選択することができる。このDCモータと組み合わせることが可能なギアヘッドRUは1/3.7〜1/625の範囲から減速比を選ぶことができる。
- ギアドモータ選択例

たとえばDCモータの定格電圧を12V(TG－01H)，減速比を1/13.4とするとギアドモータの特性は以下のようになる。

・回転数：571rpm
・トルク：9.8mN・m（0.1kgf・cm）
・回転方向：ギアヘッド取り付け面より見てCW（時計周り）
・ギアヘッド長：20.5mm
・ギア段数：2段
・許容トルク：58.8mN・m（0.6gf・cm）
・重量：71gf（モータ単体：44gf，ギアヘッド：27gf）

以上のギアドモータを使用し，車輪の直径を$\phi 30$とすると最高速度は，

$$\frac{30 \times \pi \times 571}{60} \fallingdotseq 896 \,[\text{mm/sec}]$$

となる。

図2.26にギアドモータの例（ESCAP MA1616）を示す。

第2章 ロボトレーサの基礎知識

■外形寸法図

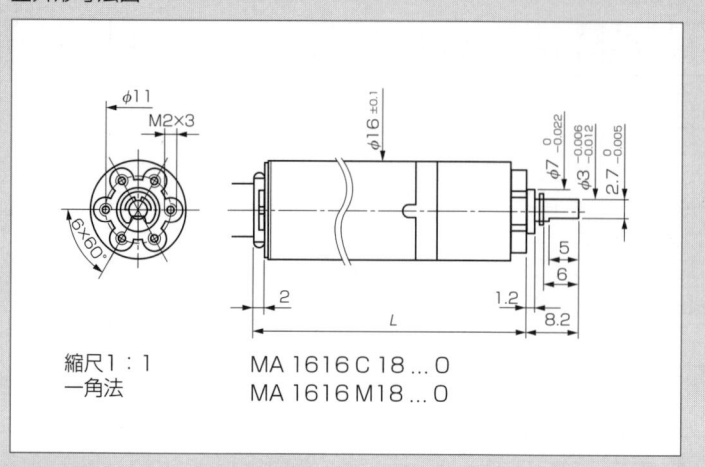

縮尺1：1　MA 1616 C 18 … 0
一角法　　MA 1616 M 18 … 0

■特性表

動的トルク推奨最大値	mNm	150	20rpmのとき		
（右の数値を10倍するとほぼgcm）	mNm	100	150rpmのとき		
静的トルク推奨最大値	mNm	400			
入力回転数推奨最大値	rpm	7500			
減速比		122	243	1090	
			365		
平均効率		0.6	0.55	0.5	
ギヤトレイン段数／回転方向		4/≠	5/=	6/≠	
MA1616C　長さ L	mm	42	43.5	45	
重さ	g	22	23	24	
MA1616M　長さ L	mm	52	53.5	55	
重さ	g	33	34	35	
モータ部の特性		16C18-207	-205	16M18-210	-207
測定電圧	V	3	6	5	8
無負荷回転数	rpm	7000	7200	6700	7100
軌道トルク	mNm	0.51	0.65	2.5	2.1
端子間抵抗	ohm	20	63	13.4	39.5
トルク定数	mNm/A	3.4	6.8	6.7	10.2
ギヤモータとしての特性					
平均無負荷電流	mA	25	15	16	10
平均起動電圧	V	0.2	0.3	0.1	0.3
機械的時定数	ms	46	56	21	19

ギヤヘッド部には平歯車と，終段部に遊星歯車を使っています
標準タイプの軸受はオイルレスメタル
周囲温度推奨値　−30℃＋65℃
バックラッシュ平均値　無負荷時　1.5°
　　　　　　　　　100mNmの時　3°
スラスト静的圧入力最大値　200N

スラストがた　　≦150μm
ラジアルがた　　≦ 30μm
シャフトぶれ　　≦ 10μm
側圧最大値　　取付面から5mmの位置で
メタル軸受　　　5N
ボールベアリング　15N

＋65℃のとき，動的トルクは上の値の2/3になります。

図2.26　DCギアドモータ（MA 1616）

2.3 モータとコントロール回路

- 定格電圧 3V(16C18－207)，6V(16C18－205)，5V(16M18－210)，8V(16M18－207)のいずれかのDCモータを選択することができる。このDCモータと組み合わせることが可能なギアヘッドは1/122～1/1090の範囲から減速比を選ぶことができる。減速比を小さくしたい場合は，ギアヘッドを用いずに，DCモータの出力軸から平歯車によって2～3段程度の減速を行うとよい。

　図2.27にギアドモータの例（MAXON RE-013-032）を示す。

- 定格電圧 4.8，6，15VなどのDCモータを選択することができる。このDCモータと組み合わせることが可能なギアヘッドは1/4.07～1/1118.75の範囲から減速比を選ぶことができる。

■外形寸法図

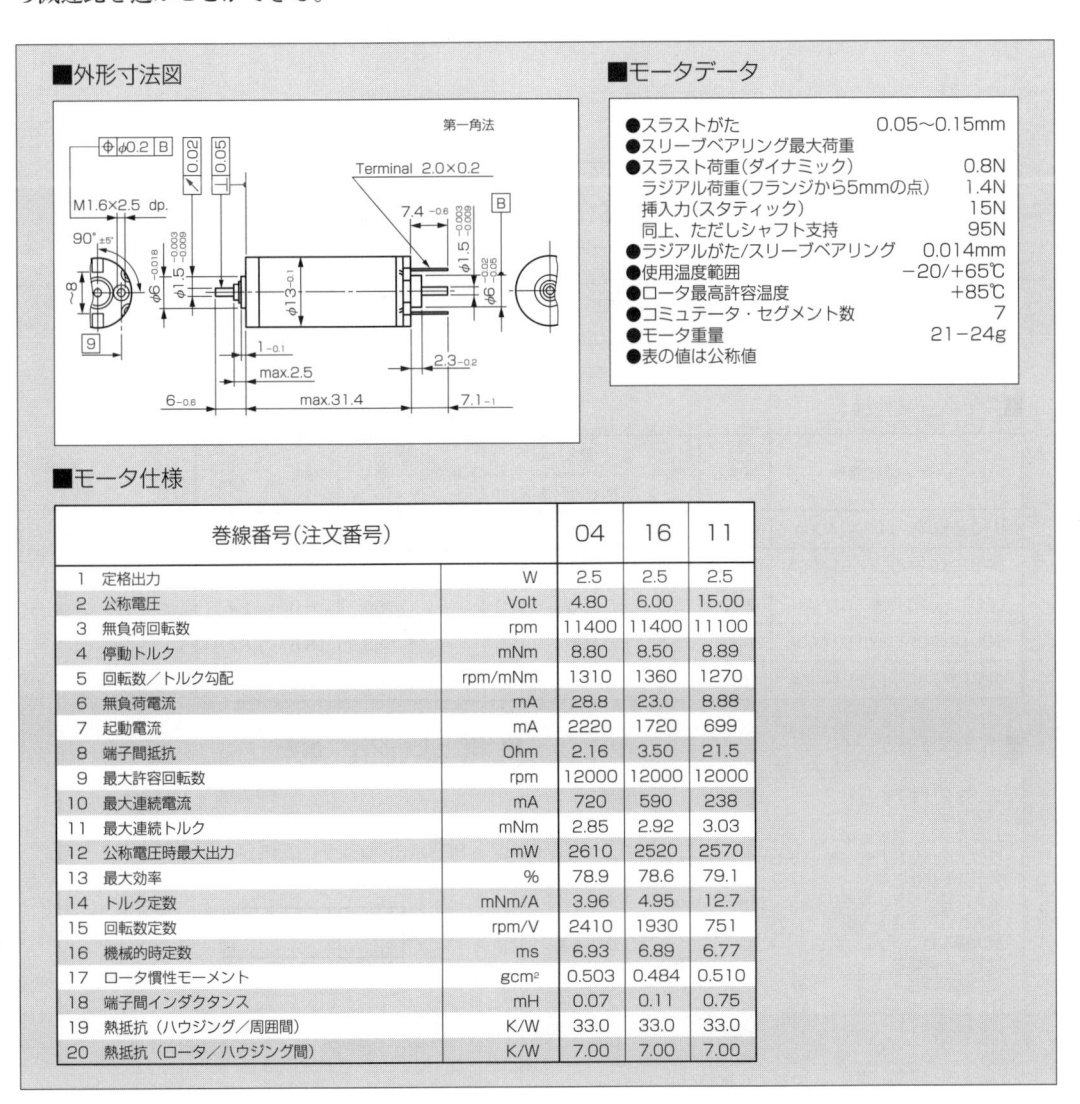

■モータデータ

●スラストがた	0.05～0.15mm
●スリーブベアリング最大荷重	
●スラスト荷重(ダイナミック)	0.8N
ラジアル荷重(フランジから5mmの点)	1.4N
挿入力(スタティック)	15N
同上，ただしシャフト支持	95N
●ラジアルがた/スリーブベアリング	0.014mm
●使用温度範囲	−20/+65℃
●ロータ最高許容温度	+85℃
●コミューテータ・セグメント数	7
●モータ重量	21－24g
●表の値は公称値	

■モータ仕様

	巻線番号(注文番号)		04	16	11
1	定格出力	W	2.5	2.5	2.5
2	公称電圧	Volt	4.80	6.00	15.00
3	無負荷回転数	rpm	11400	11400	11100
4	停動トルク	mNm	8.80	8.50	8.89
5	回転数／トルク勾配	rpm/mNm	1310	1360	1270
6	無負荷電流	mA	28.8	23.0	8.88
7	起動電流	mA	2220	1720	699
8	端子間抵抗	Ohm	2.16	3.50	21.5
9	最大許容回転数	rpm	12000	12000	12000
10	最大連続電流	mA	720	590	238
11	最大連続トルク	mNm	2.85	2.92	3.03
12	公称電圧時最大出力	mW	2610	2520	2570
13	最大効率	%	78.9	78.6	79.1
14	トルク定数	mNm/A	3.96	4.95	12.7
15	回転数定数	rpm/V	2410	1930	751
16	機械的時定数	ms	6.93	6.89	6.77
17	ロータ慣性モーメント	gcm²	0.503	0.484	0.510
18	端子間インダクタンス	mH	0.07	0.11	0.75
19	熱抵抗(ハウジング／周囲間)	K/W	33.0	33.0	33.0
20	熱抵抗(ロータ／ハウジング間)	K/W	7.00	7.00	7.00

図2.27(a)　DC ギアドモータ(RE 013-032)

第2章 ロボトレーサの基礎知識

■運転範囲

		推奨運転範囲
		連続運転範囲 熱抵抗が上の表（19および20）の値である場合，周囲温度が25℃で連続運転中にロータ最高許容温度に達する。 ＝温度制限
		短期間運転 短期間の過負荷（断続）運転可能

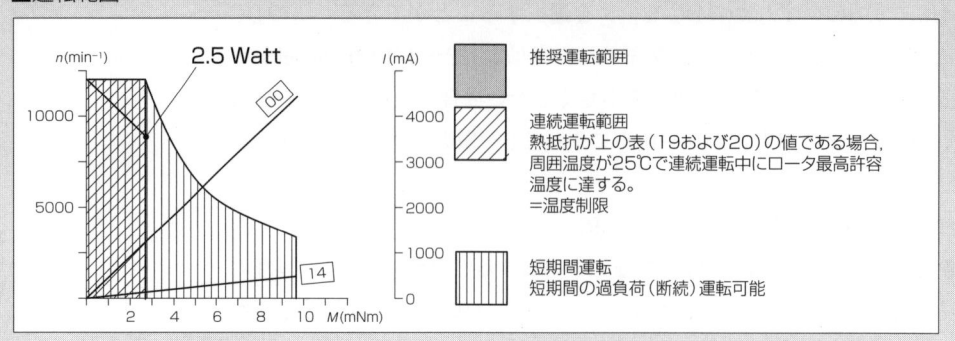

■ギアヘッドの外形寸法

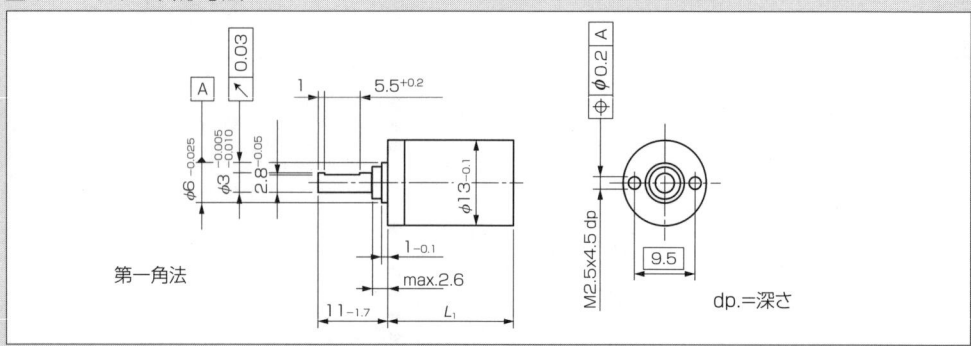

第一角法

■ギアヘッド仕様

ギアヘッド注文番号	減速比	段数	最大トルク		回転方向	効率	重量	L_1 max. mm
			連続Nm	断続Nm				
GP013K015-04.1 A1A00A	4.07:1	1	0.050	0.050	=	85	5.0	14.5
GP013K021-0017 B1A00A	16.58:1	2	0.075	0.075	=	70	5.5	20.4
GP013K025-0067 C1A00A	67.49:1	3	0.100	0.100	=	60	6.0	24.1
GP013K028-0275 D1A00A	274.78:1	4	0.125	0.125	=	50	6.5	27.8
GP013K032-1119 E1A00A	1118.75:1	5	0.150	0.150	=	45	7.0	31.5

■ギアヘッドデータ

```
プラネタリギアヘッド              直線歯
ベアリング                   スリーブベアリング
ハウジング，遊星歯車              プラスチック
ラジアルがた（フランジから6mmの点）max.0.10mm
スラストがた                  0.04－0.08mm
最大許容ラジアル荷重（フランジから6mmの点） 20N
最大許容スラスト荷重              5N
最大挿入力                   100N
推奨入力回転数                 ＜6000 rpm
使用温度範囲                  －15/＋65℃
```

■ギアドモータ注文番号

巻線番号

RE 013-032-__ EAA102AA

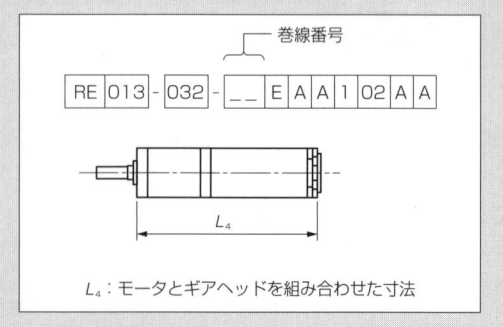

L_4：モータとギアヘッドを組み合わせた寸法

図2.27(b)　DCギアドモータ注文番号（RE 013-032）

2.3.3 ステッピングモータとコントロール回路

ここでは，ロボトレーサの走行用モータとしてステッピングモータを使用することを想定して，その使い方を説明する。

1 ステッピングモータの特徴

表2.5にステッピングモータの特徴を示す。ステッピングモータ（ステップモータ，パルスモータなどともいう）は，ロボット用アクチュエータとして多く用いられているモータで，ディジタル信号によって直接コントロールすることができ，コンピュータに接続しやすい。

表2.5 ステッピングモータの特徴

長所	短所
・ディジタル信号で直接，コントロールすることができる	・出力/重量比が小さい
・マイコンとのインタフェースが容易	・効率が悪い
・オープンループのため，回路構成が単純	・負荷変化に対して脱調[1]（同期はずれ）を起こしやすい
・停止時に大きなトルク（ホールディングトルク）がある	・共振を発生することがある
・回転角度誤差が累積しない	・徐々に加速/徐々に減速を行うことが必要（スルーアップ/スルーダウン）
・ブラシがないので長寿命/高信頼性	

DCモータでは，その回転角度や回転数をコントロールするために，これらの情報を検出しフィードバック[2]するためのセンサ（ロータリエンコーダ，レゾルバ，ポテンショメータなど）を必要とする。

これに対し，ステッピングモータではこれらのセンサを必要としない。ステッピングモータに与えるディジタル信号によって高精度に回転角度および回転数を，オープンループ（フィードバックを行わないこと）でコントロールすることができるところが最大の特長であり，マイクロマウスによく使用される理由でもある。

これらの特長をもつ反面，ステッピングモータにはいくつかの欠点がある。脱調（同期はずれ），共振などを発生させないために，モータの回転数をソフトウェアまたはハードウェアによって徐々に加速（スルーアップ），徐々に減速（スルーダウン）していくことが必要であり，マイクロマウスを高速走行させるためのポイントでもある。

2 ステッピングモータの種類

ステッピングモータは，入力されたディジタル信号によって電流を流すステータコイルを切り替えることによって磁界を回転し，ロータを回転させる

[1] 脱調
入力された信号に対して追従しなくなる現象。ステッピングモータをスルー領域で回転させたとき，負荷トルクが増大してこの領域を越えると回転しなくなってしまう（46ページ図2.34を参照）。

[2] フィードバック
出力を入力に帰還することによって入力（指令値）と出力の差分を求め，その差分を小さくなるようにして目標の出力に近づけていく操作。たとえば自動車でまっすぐな道を運転する場合，コースのわずかなズレを目で確認し，車輪の方向を修正しながら走行する。何気なく運転しているが，これはフィードバック制御である。入力は脳からの「まっすぐな道を走れ」という指令であり，フィードバックは「出力（自動車の向き）を目で確認し，コースのずれを認識すること」であり，車輪の方向を修正している。

モータである。

ステッピングモータにはPM型，VR型，HB型がある。図2.28にPM型およびVR型ステッピングモータの構造を示す。

PM（パーマネントマグネット）型は円筒形のロータを永久磁石としたモータであり，ステータコイルによって発生する磁界とロータとの間の吸引力および反発力によってロータの位置が固定（保持トルクが発生）される。おもに小型のステッピングモータに採用されている方式である。

VR（バリアブル・リラクタンス）型は歯車形の軟鋼をロータとしたモータであり，ステータコイルによって発生する磁界によって歯車形のロータをリラクタンス（磁気抵抗）が最小となる位置まで回転力が作用し，ロータの位置が固定（保持トルクが発生）される。

HB（ハイブリッド）型は，PM型とVR型を複合化したもので，双方の特長をあわせもつ。

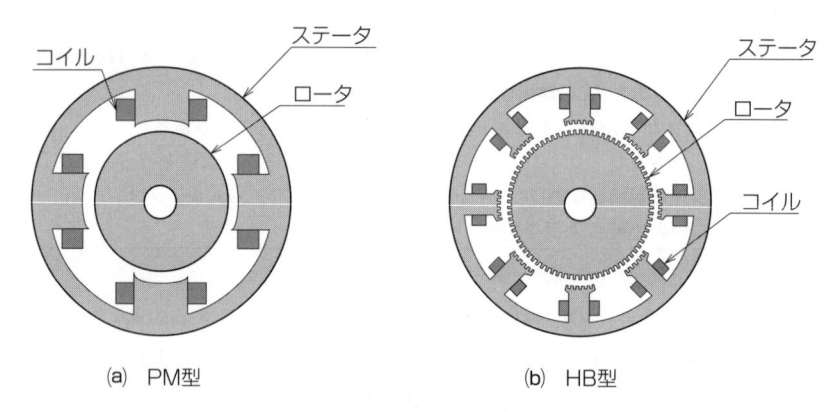

(a) PM型　　(b) HB型

図2.28　ステッピングモータの構造

3　ステッピングモータの相数とステップ角度

ステータコイルの相数によってステッピングモータの相数を表す。1相，2相，3相，4相，5相などがあり，ロボトレーサに使用する小型のステッピングモータでは4相または5相が多い。本書では，4相ステッピングモータによるロボトレーサのコントロール方法を紹介する。4相ステッピングモータはステータの円周上に4組のコイルを配置し，このコイルの各相に90°位相の異なる電流を流すことによって回転する。

ステッピングモータは，1パルスごとに寸動（ステップ動作）によって回転し，位置決めを行うことができる。1相励磁において次の位置までの角度をステップ角といい，次式で表される。

$$A_S = \frac{360°}{Z \times \phi}$$

ここで A_s：ステップ角〔°〕，Z：ロータ歯数，ϕ：相数

4 ユニポーラ駆動とバイポーラ駆動

ステッピングモータのステータコイルに電流を流し，磁界を発生させる方法として図2.29のようにユニポーラ駆動方式とバイポーラ駆動方式とがある。

これらの駆動回路はモータコイルの相数によって決定される。図は4相モータの場合である。実際にはスイッチの代わりにトランジスタやパワーMOSFETなどが用いられ，ディジタル信号によって相を切り替えることになる。

ユニポーラ駆動方式は，ステータコイルの中点とその両端のうちの一方の間に電流を流してコイルを励磁することによって磁界を切り替える方式であり，各相コイルに流れる電流は単方向となる。

これに対し，バイポーラ駆動方式はステータコイルの両端に印加する電圧の正負を切り替え，電流の方向を変化させることによってコイルを励磁し，磁界を切り替える方式である。ユニポーラ駆動方式と比べると，各相に同じ電流を流した場合，バイポーラ駆動方式によって発生するトルクは2倍になり，効率もよくなる。図のようにバイポーラ駆動方式はコイルを切り替えるためのスイッチ（トランジスタやFETなど）の数が2倍となり，回路が多少複雑になる。

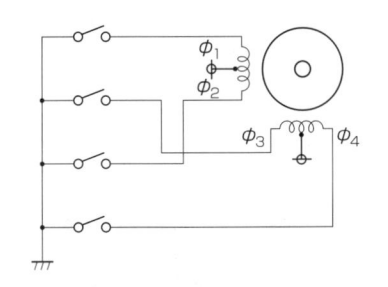

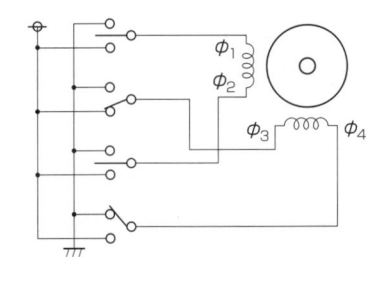

(a) ユニポーラ駆動方式　　(b) バイポーラ駆動方式

図2.29　ユニポーラ駆動方式とバイポーラ駆動方式

5 ステッピングモータの励磁シーケンス

ステッピングモータのステータコイルに対し，同時にいくつの相に電流を流すかを励磁シーケンスによって決定する。図2.30は4相ステッピングモータのユニポーラ駆動方式とバイポーラ駆動方式の励磁シーケンスである。

ユニポーラ駆動方式の励磁シーケンスには1相励磁，2相励磁，1－2相励磁の3種類がある。また，バイポーラ駆動方式の励磁シーケンスには2相励磁，4相励磁，2－4相励磁の3種類がある（表2.6を参照）。

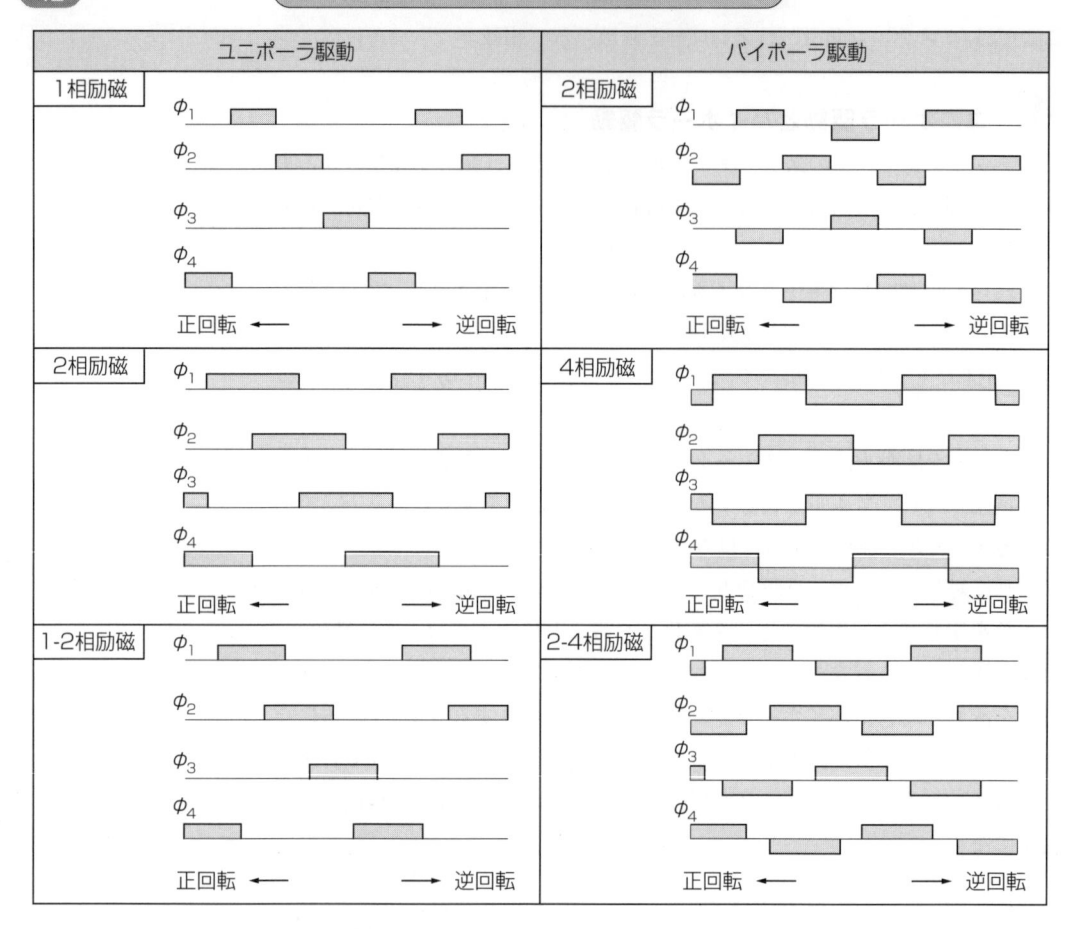

図2.30 ステッピングモータの励磁シーケンス

表2.6 ステッピングモータの励磁シーケンス

励磁方式	ユニポーラ駆動	バイポーラ駆動	特　徴
励磁シーケンス	1相励磁	2相励磁	・ステップあたりの角度精度が高い ・消費電力が少ない ・脱調を起こしやすい
	2相励磁	4相励磁	・ステップ角が1/2
	1-2相励磁	2-4相励磁	・出力トルクが大きい ・減衰振動が少ない

以下は，ユニポーラ駆動方式における各励磁シーケンスの特徴である。

❶ 1相励磁シーケンス

ステータコイルの1相のみに電流を流す方式で，消費電力が少なく，ステップあたりの角度精度が高い。しかし，回転時の振動が大きく，また，脱調を起こしやすい欠点がある。

❷ 2相励磁シーケンス

ステータコイルの2相にのみ常に電流を流す方式で，1相励磁シーケンスに比べ，およそ2倍のトルクを発生する。また，回転時の振動が小さく，広範囲の回転数に対応するので広く使用されている。

❸ 1−2相励磁シーケンス

1相励磁と2相励磁を交互に繰り返すことによってステップ角が1相励磁または2相励磁の1/2となる。微細位置決めに使用される方式である。ロボトレーサの走行用モータとしてステッピングモータを使用する場合は，トルクを重視する場合は2相励磁シーケンスを，位置決め能力を重視する場合は1−2相励磁を使用するとよい。

6 ステッピングモータのマイコン制御

図2.31にステッピングモータのマイコン制御ブロックを示す。

図のように，ステッピングモータの制御回路は，パルスを与えて各相コイルを励磁するための励磁信号発生回路（パルス分配回路）と，この励磁信号によってスイッチ（トランジスタやパワーMOS FET）を切り替えるためのパワーアンプによって構成される。

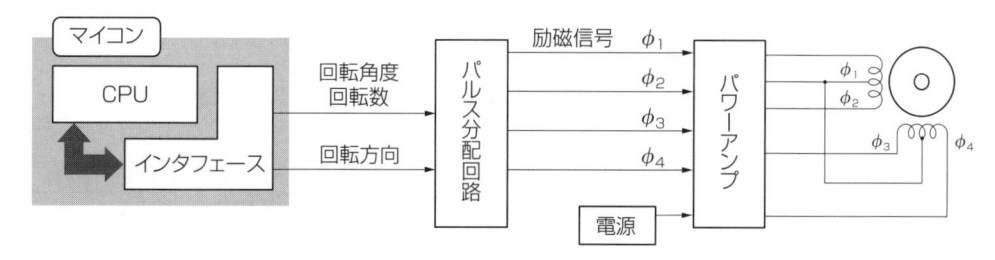

図2.31　ステッピングモータのマイコン制御

7 パルス分配回路

ステッピングモータの回転は，モータの各コイルに時間的に分割して電流を流すことによって行う。このようなパルス分配には以下のような方法がある。

❶ ソフトウェアによってパルスを分配する方法

励磁信号をソフトウェアによって生成し，IOポートを通してパワーアンプへ直接，制御信号を送る方法である。回路構成は単純であるが，ステッピングモータの励磁パターンをソフトウェアによって作成すると同時に加速／減速用のソフトウェアタイマなどもソフトウェアによって作成して実行することになるので，CPUの負担が大きくなる。

❷ ロジックICを組み合わせてパルス分配回路を構成する方法

アップ／ダウンカウンタやシフトレジスタ，デコーダなどのTTLやCMOSロジックICを組み合わせてパルス分配回路を構成する方法である。

図2.32(a)に4相ステッピングモータのパルス分配回路をロジックICによって構成した例を示す。CPUからソフトウェアによってモータの回転角度／回転数信号および回転方向信号を与えると，自動的に励磁シーケンスのパターンに従ったパルスに分配し，モータを駆動する。回路構成が多少複雑になる。

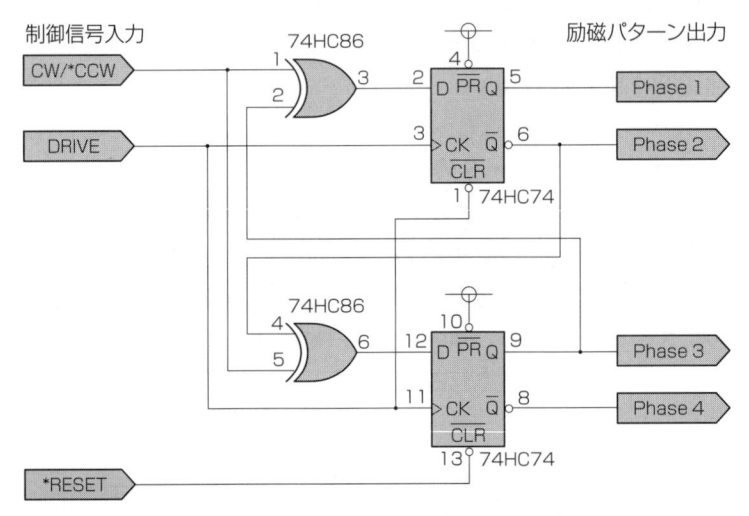

(a) 汎用ロジックICによるパルス分配回路

(b) モータ専用ICによるパルス分配回路

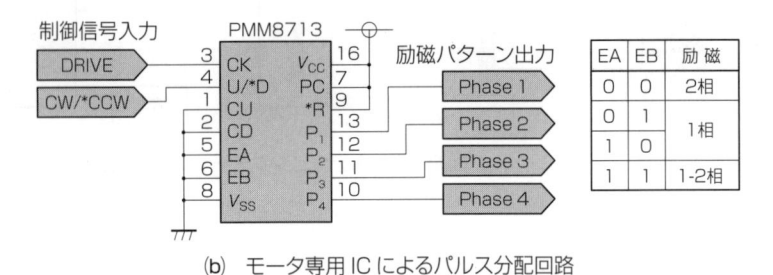

図2.32 パルス分配回路の例

❸ PLDによってパルス分配回路を構成する方法

PLD（プログラマブル・ロジック・デバイス）に回路パターンを書き込み，パルス分配回路を構成する方法である。回路構成が単純で，部品点数が少なくなるが，専用の書き込み器が必要である。

❹ ステッピングモータ専用のパルス分配用ICを利用する方法

パルス分配機能のほかに，パワーアンプやステッピングモータを高速回転させるための定電流機能まで内蔵した専用ICもあり，回路が単純となって，

2.3 モータとコントロール回路

部品点数も最小限となる。

同図(b)に4相ステッピングモータのパルス分配回路をステッピングモータ専用のパルス分配用IC（山洋 PMM8713）によって構成した例を示す。

図では励磁シーケンスを2相励磁に固定してあるが，DIPスイッチやIOポートに接続して励磁シーケンスを切り替えられるようにしてもよい。

本書ではこのパルス分配用ICを用いたロボトレーサを紹介する。

8 パワーアンプ

ステッピングモータのパワーアンプは，パルス分配回路によって発生した励磁信号に従ってモータコイルの励磁電流のスイッチングを行う回路である。スイッチング素子としてトランジスタやパワーMOS FETなどを使用する。パワーMOS FETモジュールやステッピングモータ専用のパワーICを用いることによってスイッチング素子を減らすことができる。

図2.33はステッピングモータ用パワーアンプの例である。図中のステータコイルに直列に挿入したダイオードと相間コンデンサはステッピングモータの振動を吸収し，ステータコイルに流れる電流を素早く切り替えて高速域まで回転させるための電気的ダンパである。

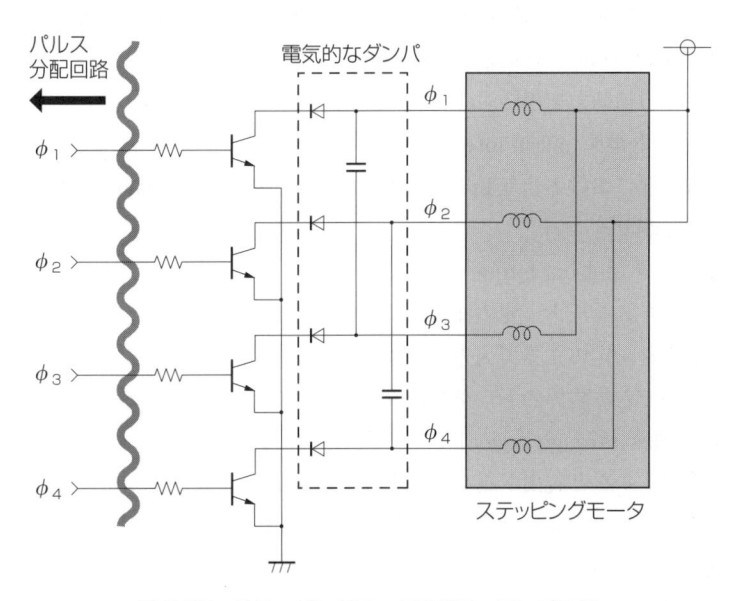

図2.33 ステッピングモータ用パワーアンプの例

9 ステッピングモータの高速回転

ロボトレーサを高速走行させるためには，ステッピングモータの特性を理解しておく必要がある。ステッピングモータのパルスレートとトルクとの関

第2章 ロボトレーサの基礎知識

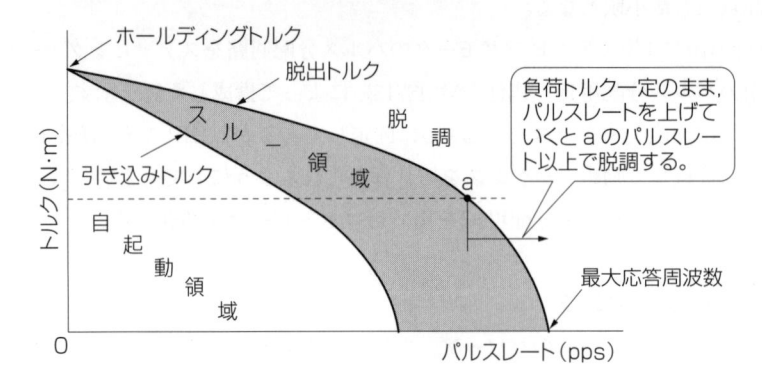

図2.34 ステッピングモータのトルク特性

係は図2.34のようになる。

● パルスレート（pulse rate）

　単位時間あたりのパルス数〔pps〕（pulse/sec）

　パルスレートは回転数〔rpm〕に比例する。ステッピングモータでは通常用いられる単位〔rpm〕を使用しない。

● トルク（torque）

　モータの軸に発生する回転力〔N·m〕（または〔kgf·cm〕）である。

● 自起動領域（start and stop region）

　外部からの補助力を用いずに起動・停止ができる領域である。

● 引き込みトルク（pull-in torque）

　各負荷状態における自起動周波数の最大値で、これ以上の周波数では、起動することができない。

● 脱出トルク（pull-out torque）

　入力のパルスレート一定のままで負荷トルクを増加していったとき、または負荷トルク一定のままで入力のパルスレートを増加していったとき、回転することができる限界のトルクである。

● スルー領域（through region）

　引き込みトルクと脱出トルクに囲まれた領域である。

　停止状態のロボトレーサを高速運転させるには、まず、ステッピングモータを自起動領域内で起動し、徐々に加速して脱出トルク以下（スルー領域）で加速を終了し、最高速度となるようにする。また、この逆の手順で減速および停止を行う。

● ホールディングトルク（holding torque）

　そのステッピングモータが発生し得る最大のトルクである。保持トルクともいう。ロボトレーサにステッピングモータを使用した場合、停止状態ではホールディングトルクによって自動的にブレーキがかかることになる。

2.3 モータとコントロール回路

図のようにパルスレート（回転数に比例する）を上げていくと，コイルに流れる電流が減少すると同時にトルクが減少し，ついには高速回転時に脱調（同期はずれ）を起こして停止してしまう。

ロボトレーサを高速走行させるためには，さらに高速域まで回転させるための工夫が必要になる。

ステッピングモータを高速運転させる方法としては，外部直列抵抗法および定電流チョッパコントロール法が代表的である（図2.35(a)外部直列抵抗方式，(b)定電流チョッパ方式）。

(a) 外部直列抵抗方式　　(b) 定電流チョッパ方式

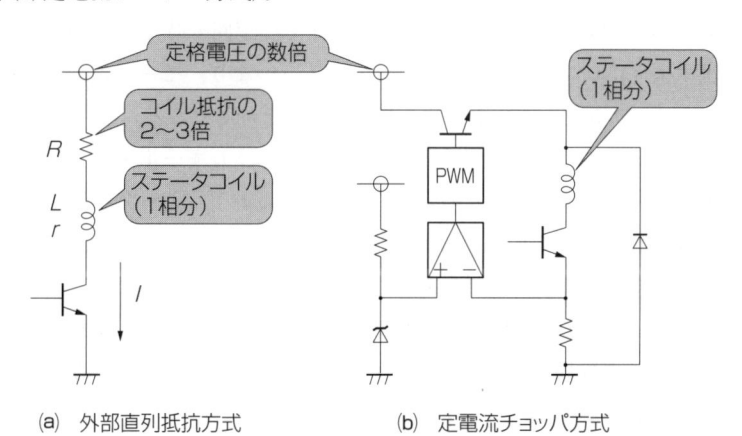

図2.35　ステッピングモータの高速運転

❶ 外部直列抵抗方式

図(a)のようにステータコイルに直列に抵抗を挿入しておき，モータの定格電圧の数倍の電圧を加える方法である。

高速回転時においてはコイルのインピーダンス[①]が大きくなり，電流が流れにくくなる。このとき，定格電圧よりも高い電圧をかけておくことによって，コイルに流れる電流の立ち上がりが早くなり，定電流化される。この結果，ステッピングモータを高速運転させることが可能となる。ただし，モータ停止時および低速回転時に定格以上の電流を流さないようにしなくてはならない。

図においてモータコイルの外部直列抵抗 R は次式によって求める。

$$\frac{L}{R+r} \ll T$$

$$R + r = \frac{V_{dd}}{I}$$

ここで，L：1相あたりのコイルのインダクタンス〔H〕
　　　　r：コイル抵抗〔Ω〕　　T：最高回転時パルス周期〔s〕
　　　　V_{dd}：供給電源電圧〔V〕　　I：定格電流〔A〕

①インピーダンス
交流に対する抵抗値または電流の流れにくさのことをインピーダンスといい，単位は直流抵抗と同じで〔Ω〕で表す。モータのステータコイルに流れる電流はパルスレートが高いほど流れにくくなる。

通常，Rはコイル抵抗の2～3倍程度である。

この方式は回路構成が単純であり製作しやすいが，低速回転時において抵抗によるエネルギー損失が大きく，効率が悪い欠点がある。直列抵抗による損失はそのままジュール熱となり発熱が大きいので，大電力用の抵抗を使用しなければならない。

❷ 定電流チョッパ方式

図(b)のようにモータに定格電圧の数倍の電圧を加えておき，ステータコイルに流れる電流をフィードバックして基準電圧と比較する。このとき，PWM（パルス幅変調）波のパルス幅を変えて高速回転時においても定格電流を流すようにコントロールする方法である。つまり，モータの電源回路に定電流スイッチングレギュレータを用いたことと同等となる。

この方法は前述の外部直列抵抗方式のようなエネルギー損失が少なく，電源効率が高い。ロボトレーサのように限られた電源（電池）で動作するシステムには最適な方法である。電流検出用の抵抗は小抵抗（1Ω程度）を用い，損失を少なくすることが必要である。

定電流チョッパ方式の回路は複雑で部品点数も多くなってしまうが，ステッピングモータ専用の定電流チョッパコントロールICを利用すると簡単に構成することができる。

図2.36に定電流チョッパコントロールIC（サンケン SLA7020M）によるステッピングモータドライバの例を，図2.37にこのICの特性を示す。

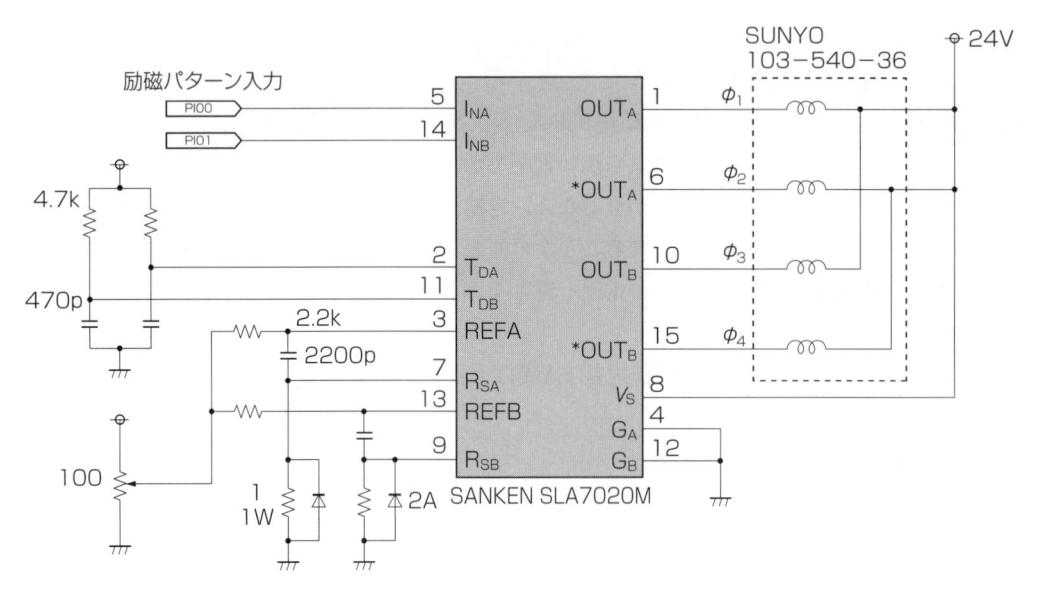

図2.36　ステッピングモータドライバの例(サンケン7020M)

2.3 モータとコントロール回路

■定格表

絶対最大定格 品名	モータ電源電圧〔V〕V_{CC}	FET出力耐圧〔V〕V_{DS}	コントロール電源電圧〔V〕V_S	TTL入力電圧〔V〕V_{IN}	基準電圧〔V〕V_{REF}	出力電流〔A〕I_O	許容損失〔W〕P_D	チャンネル部温度〔℃〕T_{ch}	保存温度〔℃〕T_{stg}
SLA7020M	46	100	32	7	2	1.5	4.5(No Fin)	150	−40〜+150

■特性表 (1)DC特性

電気的特性	コントロール電流電圧〔mA〕$V_S=30V$			コントロール電源電圧〔V〕			FET ON電圧〔V〕(7020M)$I_D=1A,V_S=14V$(7021M)$I_D=3A,V_S=14V$			FETドレインリーク電流〔mA〕$V_{DSS}=100V$$V_S=30V$	TTL入力電流〔μA〕$V_{IH}=2.4V$$V_S=30V$	TTL入力電流〔mA〕$V_{IL}=0.4V$$V_S=30V$		TTL入力電圧(OUT)〔V〕$I_D=1A$		TTL入力電圧〔V〕$V_{DSS}=100V$	TTL入力電圧(OUT)〔V〕$V_{DSS}=100V$	TTL入力電圧〔V〕$I_D=1A$
	I_S			V_S			V_{DS}			I_{DSS}	I_{IH}	I_{IL}		V_{IH}	V_{IL}	V_{IH}		V_{IL}
品名	min	typ	max	min	typ	max	min	typ	max	max	max	min	max	min	max	min		max
SLA7020M	5.5	10	15	10	19	30			0.6	4	40	−0.8	2.0	0.8	2.0			0.8

(2)AC特性

電気的特性	FETダイオード順電圧〔V〕(7020M)$I_{SD}=1A$(7021M)$I_{SD}=3A$			スイッチングタイム〔μs〕$V_S=24V$$I_D=1A$								
	V_{SD}			T_r			T_{stg}			T_f		
品名	min	typ	max	min	typ	max	min	typ	max	min	typ	max
SLA7020M			1.1		0.5			0.7			0.1	

■外形図

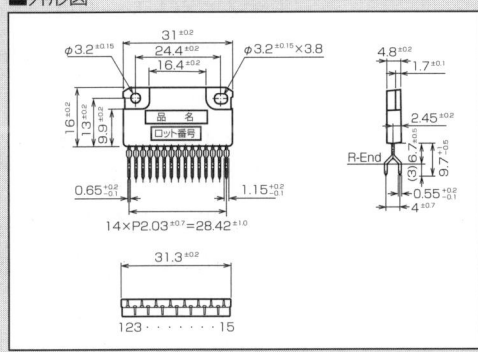

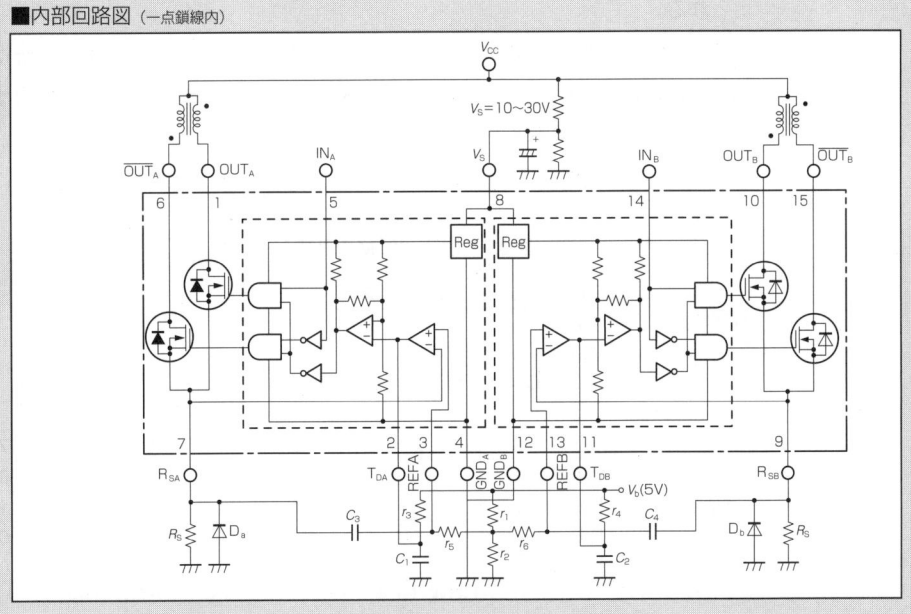

■内部回路図（一点鎖線内）

図2.37 サンケンSLA7020Mの特性

このICはユニポーラステッピングモータ駆動用であり，PWM式定電流チョッパドライバのほかにパルス分配機能も内蔵しており，2つの入力端子に励磁パターンを与えると4相モータ用にパルスを分配する機能をもつ．

また，内部のスイッチング素子にパワーMOS FETを使用しているので高効率であり，発熱も少ない．

図の回路によってユニポーラ4相ステッピングモータを2相励磁シーケンスでドライブした場合，10kpps以上のパルスレートまで高速回転することが可能である（条件：電源電圧14V，電流800mA，負荷トルク600gf·cm）．

REFA，REFB端子に設定する電圧によって電流値を設定する．図では半固定抵抗によって調整できるようにしているが，CPUからDAコンバータを通してソフトウェアによって電流コントロールを行ってもよい（本書で紹介するロボトレーサは，この方法を使用して，第1回目のコース探索時と第2回目以降の高速走行時の電流値を切り替え，競技会での電池交換を不要としている）．

ダイオードは高速スイッチング用の2A程度，電流検出用抵抗は1Ω，2W程度のものが必要である．電源電圧として24Vとしているが，ロボトレーサに使用する場合は単3型ニッケルカドミウム電池では12V（10本直列）程度，単4型ニッケル水素電池では14.4V（12本直列）程度とするとよい．

図ではICの入力端子に，ソフトウェアによって作成した励磁パターンをIOポートを経由して入力しているが，パルス分配回路から入力する方法も考えられる．

図の4相ユニポーラステッピングモータ（山洋103-540-36）は，定格電圧2.4V，定格電流1.2A/相，ステップ角1.8°であり，ロボトレーサに使用するモータとして最適である．

表2.7にSLA7020Mの2相および1-2相励磁シーケンスを示す．

表2.7　SLA7020Mの励磁シーケンス

2相励磁

Clock	0	1	2	3
INA	1	1	0	0
INB	0	1	1	0

CCW（正転）←　　→CW（逆転）

1-2相励磁

Clock	0	1	2	3	4	5	6	7
INA	1	1	1	1	0	0	0	0
TDA	0	0	0	1	0	0	0	1
INB	0	0	1	1	1	1	0	0
TDB	0	1	0	0	0	1	0	0

CCW（正転）←　　　　　　→CW（逆転）

2.3 モータとコントロール回路

図2.38に同シリーズの定電流チョッパコントロールIC（サンケンSLA7024M）によるステッピングモータドライバの例を，図2.39にこのICの

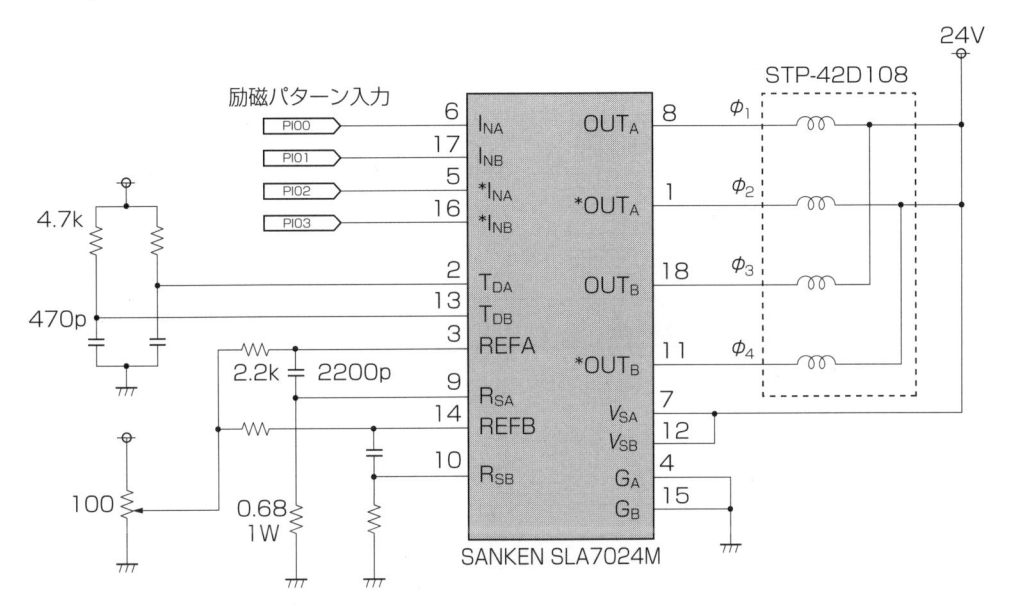

図2.38 ステッピングモータドライブの例（サンケンSLA7024M）

■定格表

絶対最大定格	モータ電源電圧 [V]	FET出力耐圧 [V]	コントロール電源電圧 [V]	TTL入力電圧 [V]	基準電圧 [V]	出力電流 [A]	許容損失 [W]	チャンネル部温度 [℃]	保存温度 [℃]
品名	V_{CC}	V_{DS}	V_S	V_{IN}	V_{REF}	I_O	P_D	T_{ch}	T_{stg}
SLA7024M						1.5			
SLA7026M	46	100	46	7	2	3	4.5(No Fin)	150	$-40\sim+150$
SLA7027MU						1			

■特性表

(1) DC特性

電気的特性	コントロール電源電流 [mA]	コントロール電源電圧 [V]	FET ON電圧 [V]	FETドレインリーク電流 [mA]	TTL入力電流 [μA]	TTL入力電流 [mA]	TTL入力電圧 (Active High) [V]	TTL入力電圧 (Active Low) [V]
	$V_S=44V$		(7024M)I_O=1A,V_S=14V (7026M)I_O=3A,V_S=14V (7027MU)I_O=1A,V_S=14V	V_{DSS}=100V V_S=44V	V_{IH}=2.4V V_S=44V	V_{IL}=0.4V V_S=44V	(7024M)I_O=1A (7026M)I_O=3A (7027MU)I_O=1A V_{DSS}=100V	V_{DSS}=100V	(7024M)I_O=1A (7026M)I_O=3A (7027MU)I_O=1A
	I_S	V_S	V_{DS}	I_{OSS}	I_{IH}	I_{IL}	V_{IH}	V_{IL}
品名	min typ max	min typ max	min typ max	min typ max	min typ max	min typ max	min typ max	min typ max
SLA7024M			0.6					
SLA7026M	10 15	10 24 44	0.85	4	40	-0.8	2.0 0.8	2.0 0.8
SLA7027MU			0.85					

(2) AC特性

電気的特性	FETダイオード順電圧 [V]	スイッチングタイム [μs]		
	(7024M)I_{SD}=1A (7026M)I_{SD}=3A (7027MU)I_{SD}=1A	V_S=24V (7024M,7026M)I_O=1A (7027MU)I_O=0.8A		
	V_{SD}	T_r	T_{stg}	T_f
品名	min typ max	min typ max	min typ max	min typ max
SLA7024M	1.1			
SLA7026M	2.3	0.5	0.7	0.1
SLA7027MU	1.2			

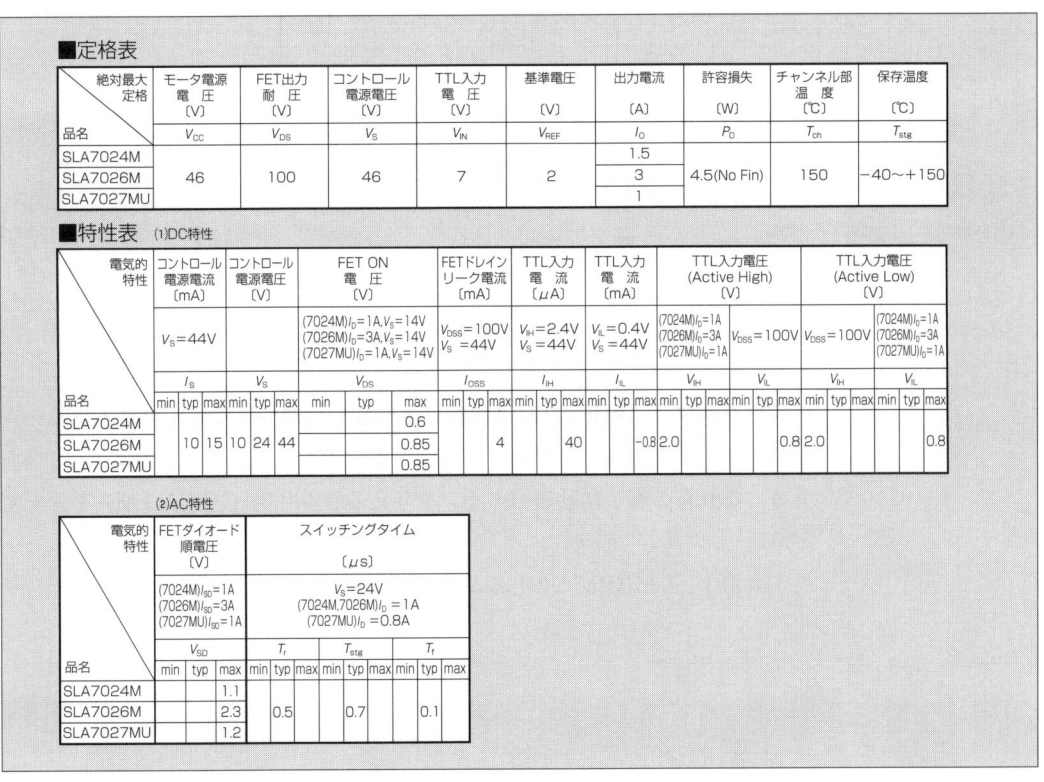

図2.39（a） サンケンSLA7024Mの特性

第2章 ロボトレーサの基礎知識

■外形図

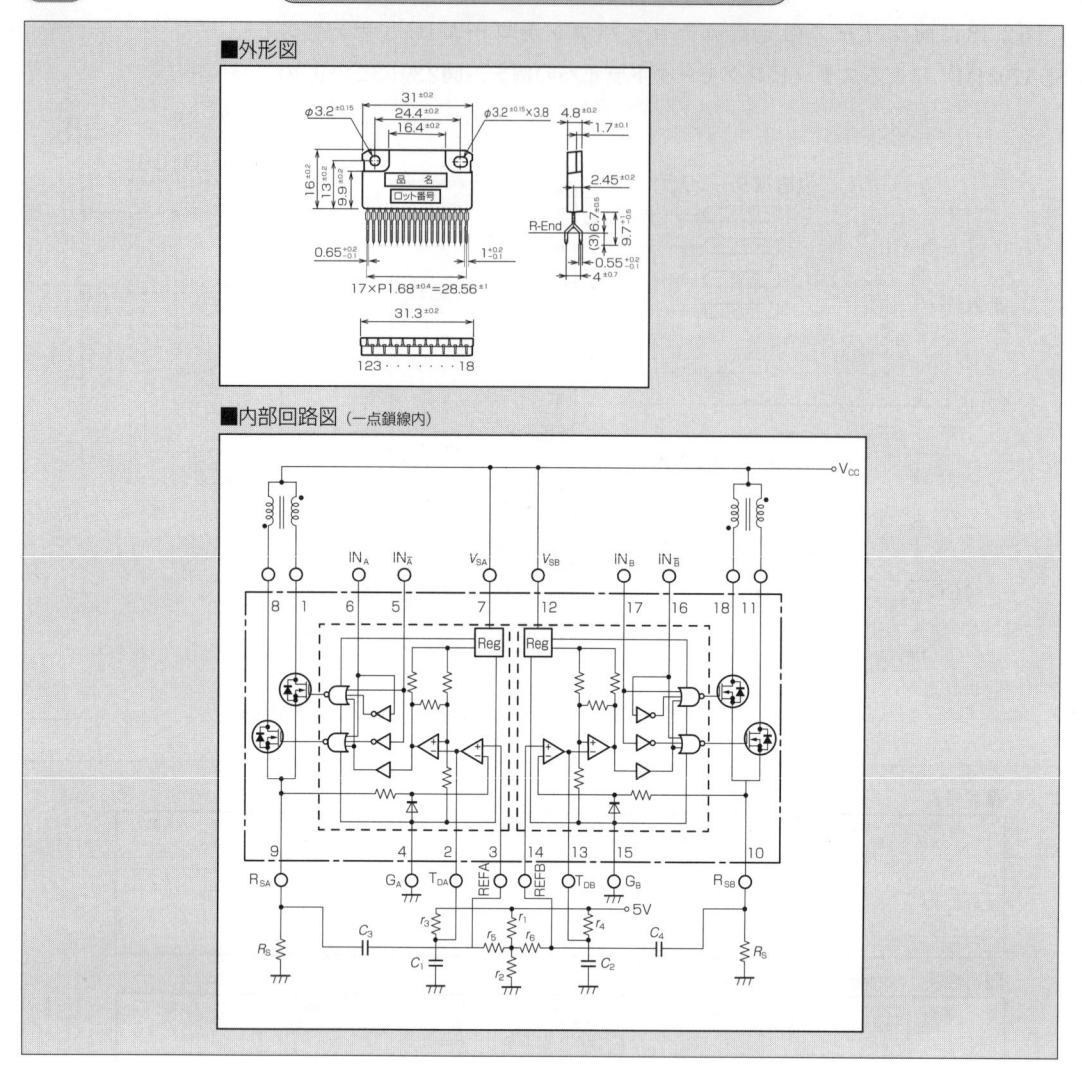

■内部回路図（一点鎖線内）

図2.39(b) サンケンSLA7024Mの特性

特性を示す。このICは SLA7020Mと同様の機能のほかに，フライホイールダイオードを内蔵しており，部品点数が少なくなる。また入力端子は4つあり，これらの端子に励磁パターンを与えると4相モータ用にパルスを分配する。

表2.8にSLA7024Mの2相および1-2相励磁シーケンスを示す。

2.3 モータとコントロール回路

表2.8 SLA7024Mの励磁シーケンス

2相励磁

Clock	0	1	2	3
INA	1	0	0	1
*INA	0	1	1	0
INB	1	1	0	0
*INB	0	0	1	1

CCW（正転）← →CW（逆転）

1-2相励磁

Clock	0	1	2	3	4	5	6	7
INA	1	1	0	0	0	0	0	1
*INA	0	0	0	1	1	1	0	0
INB	0	1	1	1	0	0	0	0
*INB	0	0	0	0	0	1	1	1

CCW（正転）← →CW（逆転）

本書で紹介するロボトレーサでは，このSLA7024Mを使用する。

10 ステッピングモータ選定の条件

以下は，ロボトレーサのステッピングモータの選定条件である。

● サイズ

コンパクトにするため，2個のモータを左右に配置することが可能な幅であること。また，重心を低くすることにより，安定したスラロームを行うことができるため，高さの低いものであること。

● 重量

高速走行するため，軽量であること。

● 消費電力（電流）

DCモータの場合と同様に，余裕をもって15分で電池を完全に消費すると考えてみよう。

ニッケルカドミウム電池（600mAh）を12本直列として，電圧は

$$1.2 \times 12 = 14.4V$$

ロボトレーサ全体の最大消費電流をxとすると，

$$\frac{600}{x} = \frac{15}{60}$$

よってx=2400mA

使用する走行用ステッピングモータを2台，また，走行用モータ以外の回路の平均消費電流を200mAとすると，モータ1台あたりが消費することが可能な最大消費電流は，

$$\frac{2400 - 200}{2} = 1100 \,[\mathrm{mA}]$$

となる。これはロボトレーサの走行用モータとして十分なトルクを発生し得る電流である。

実際の競技においては，ソフトウェアによって低速走行時には800mA程度，高速走行時にはステッピングモータ脱調を防止するため1000mA以上の電流を流すようにコントロールする。

● 電圧

定電流チョッパドライバによって電流をコントロールするため，モータを高速回転させるにはできるだけ高い電源電圧であることが条件となる。しかし，電池を多くするとモータ出力トルク／全体重量が小さくなるので，電池本数は単4型ニッケル水素電池で16本（約19V），単3型ニッケルカドミウム電池で12本（約14V）程度が限界となる。

したがって，ロボトレーサに使用するステッピングモータの定格電圧は低いほうが望ましい。

図2.40に本書で紹介するロボトレーサのステッピングモータ（シナノケンシ STP－42D108）の仕様を示す。

■外形寸法図

■結線図

■特性表

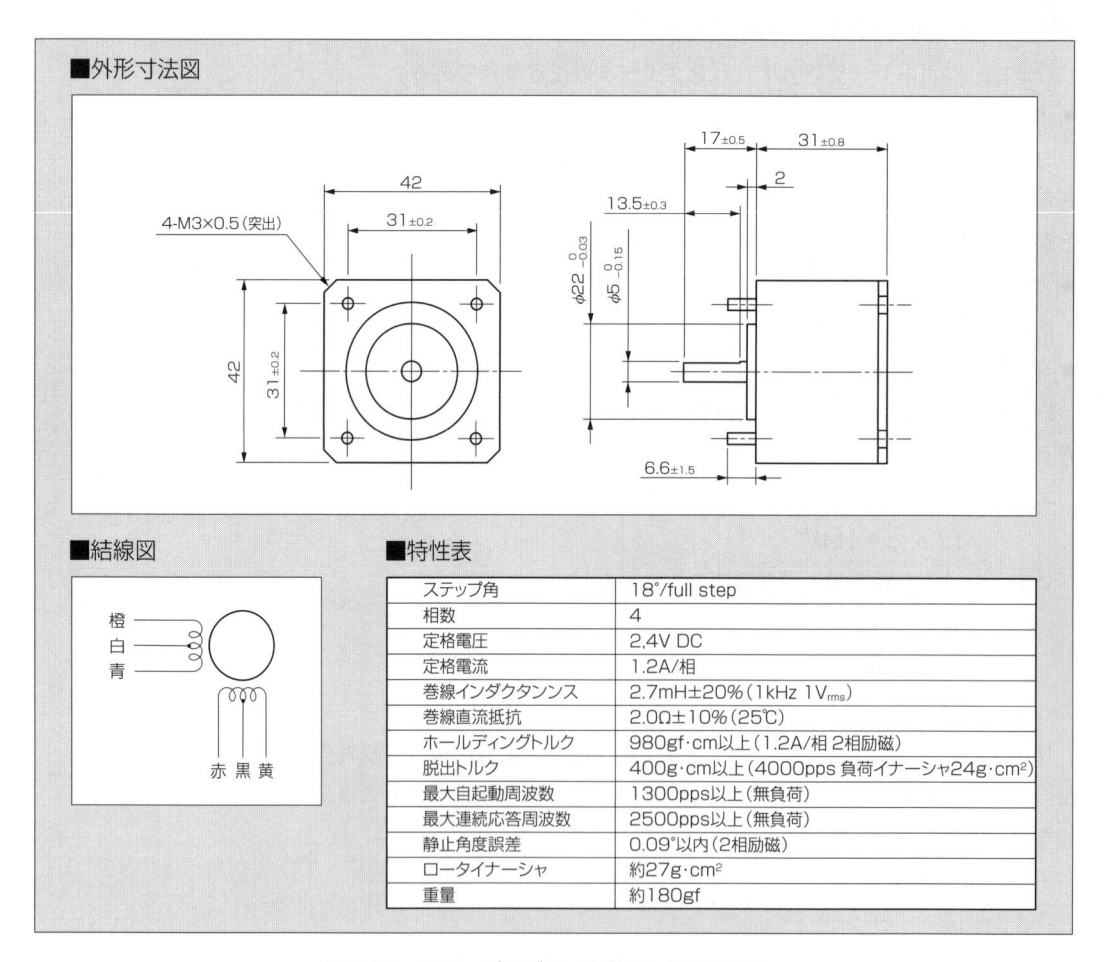

ステップ角	1.8°/full step
相数	4
定格電圧	2.4V DC
定格電流	1.2A/相
巻線インダクタンス	2.7mH±20%（1kHz 1V_{rms}）
巻線直流抵抗	2.0Ω±10%（25℃）
ホールディングトルク	980gf・cm以上（1.2A/相 2相励磁）
脱出トルク	400g・cm以上（4000pps 負荷イナーシャ24g・cm^2）
最大自起動周波数	1300pps以上（無負荷）
最大連続応答周波数	2500pps以上（無負荷）
静止角度誤差	0.09°以内（2相励磁）
ロータイナーシャ	約27g・cm^2
重量	約180gf

図2.40　ステッピングモータ(STP-42D108)

2.4 姿勢制御（トリミング）

　ロボトレーサはラインを検出し，姿勢制御（トリミング）を行ってラインの中央にロボットの位置を戻しながら走行することが必要となる。トリミングは，第1回目の走行においてはラインを認識しながら，その中央を走行することによってラインの長さや曲線部分の半径などの情報を正しく測定するために必要である。ラインの中央を走行し，これらの情報を正しく得ることができないと，第2回目以降の高速走行時において，走行距離や旋回を誤ってしまう。

　また，第2回目以降の高速走行時にはコース上を"ふらつき"がないようにコントロールすることが必要である。この高速走行時における"ふらつき"または"蛇行"のことを"ドリフト"という。走行する速度に対して適切な制御量（フィードバック量）を与えることによって，このドリフトを軽減することができる。

　高速走行時にはドリフトによって誤差が累積され，総走行距離が長くなる。したがって，トリミングの制御量を少なく，同時に制御する回数を少なくすることによって走行時間を短くすることができる。したがって高速走行を行うためには，機械的精度（左右のタイヤの直径，真円度，トレッド，重量バランス，重心など）を上げておくことが必要となる。

　ロボトレーサの姿勢制御（トリミング）には図2.41のような方法がある。

　図(a)の方法は，PIOによって左右の車輪の回転数をコントロールすることによって姿勢制御を行う方法である。

　たとえば右に傾いてしまったときは左側のモータを一時的に停止（パルスを抜く）することによって左方向に姿勢を戻す。

　モータ回転数の加速／減速はテーブルからソフトウェアタイマ定数を順次引きながら，次のパルスまでの時間を調整することによって行う。

　この方法は簡便であるが，滑らかな姿勢制御を行うことができず，また，スラローム走行を行うときに誤差が生じやすいので，高速走行には不向きである。

　図(b)の方法は，CTC1によって右側のモータを，CTC2によって左側のモータを独立にコントロールし，CTC1・CTC2の時間定数（分周値）を個別にセットすることにより姿勢をもとに戻す方法である。

　たとえば，姿勢制御の必要がないときはCTC1・CTC2の時間定数（分周値）を同一に（たとえば40）にセットし，右に少し傾いてしまったときは左側のモータ回転数を調整するためのCTC2の時間定数（分周値）を大きく（たとえば42）セット，大きく傾いてしまったときには時間定数（分周値）

を少し大きめに（たとえば44）セットする。

この方法は(a)に比べ，格段に滑らかな姿勢制御が可能となる。

モータ回転数の加速／減速は(a)の方法と同様に，テーブルからソフトウェアタイマ定数を順次引きながら，次のパルスまでの時間を調整することに

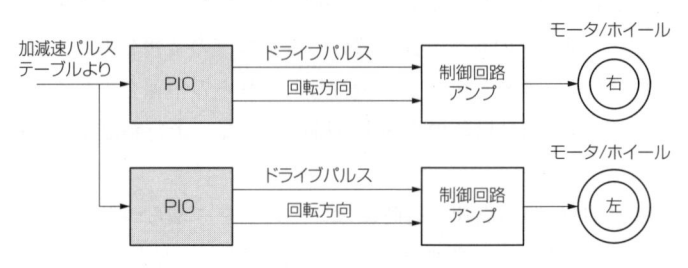

(a) PIOによるトリミング（低速走行向き）

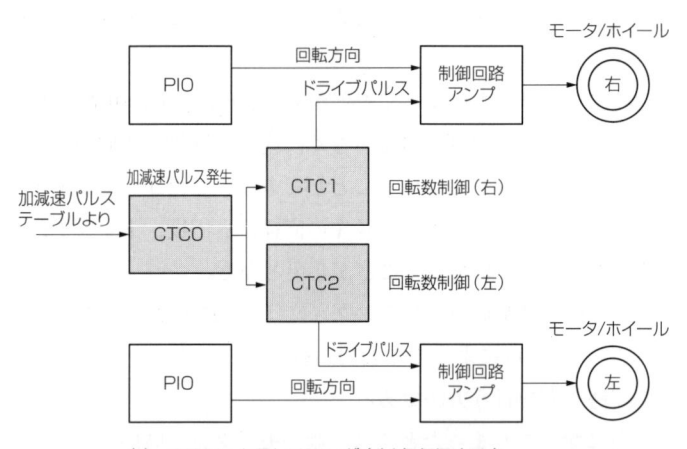

(b) CTCによるトリミング（中速走行向き）

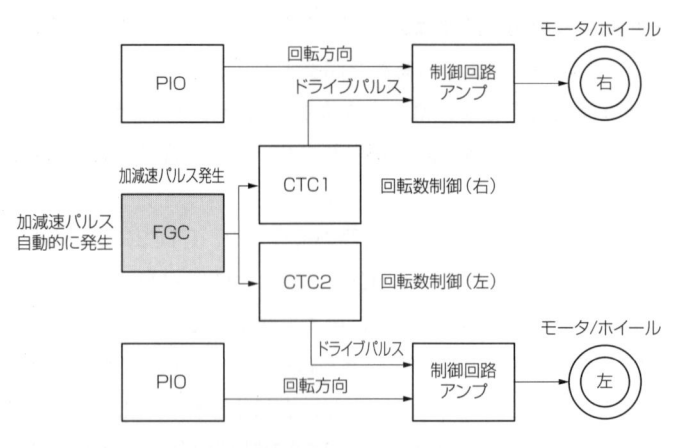

(c) FGCによるトリミング（高速走行向き）

図2.41 姿勢制御（トリミング）の方法

よって行う。この加速／減速パルスをCTC0からCTC1，CTC2に与える。

この方法では低速領域においてCTC0の時間定数を大きく（たとえば200），高速になるに従って時間定数を小さく（たとえば10）セットしていくので，高速領域において速度の変化が荒くなる。

したがって，ステッピングモータを使用した場合，高速領域において脱調（同期はずれ）を起こしやすくなり，超高速走行には不向きである。

図(c)の方法は(b)においてモータ回転数の加速／減速をテーブル（配列）から引いてきてモータへの加速／減速パルスをCTC0から出力していた方法を，専用のハードウェアに置き換えたものである。プログラマブル周波数発生回路とCTCを組み合わせた一種の周波数シンセサイザ[1]である。

この方法はCTCのリニアな部分を使うことができるので，さらに滑らかな加速減速を行うことができる。

[1]周波数シンセサイザ
任意の周波数の信号を合成するための回路を周波数シンセサイザという。通常は水晶振動子による基準信号発生器／位相比較回路／フィルタ／VCO／を組み合わせたPLL（phase locked loop）周波数シンセサイザ回路が使用されている。

2.5　センサとコントロール回路

ロボトレーサにはコース上のラインを検出するための"ラインセンサ"とマーカを検出するための"マーカセンサ"が必要である。これらのラインやマーカ検出に適したセンサはフォトセンサ（光センサ）である。フォトセンサは応答速度が速く，高精度でコンパクトであり，ラインを非接触で検出することができるので，他のロボット競技にも多く用いられている。ここでは，ロボトレーサのセンサとしてフォトセンサを使用することを想定して，その使い方を説明する。

また，ロボトレーサに走行距離カウンタを搭載することによって，正確な走行距離の測定を行うことが可能となる。ここでは，ロボトレーサの走行距離カウンタとしてロータリエンコーダを使用することを想定して，その使い方を説明する。

2.5.1　フォトセンサの選び方

1　受光素子

受光素子は，光を受けて，そのエネルギーを電気信号（電圧，電流，抵抗など）に変換する機能をもつトランデューサ[1]である。受光素子にはフォトダイオード，フォトトランジスタ，フォトダーリントントランジスタ，CdSなどがある。表2.9にこれらの各種受光素子の性質を，図2.42に各種受光素子による基本回路を示す。

[1]トランスデューサ
センサによって対象となる物理量を検出したのち，その情報を電気信号に変換する機能を合わせもったシステム。たとえば，フォトトランジスタは光（物理量）を検出したのち，電気信号（電圧または電流）に変換しているので光トランデューサである。検出および変換が同時に行われるので，一般には光センサといわれている。

第2章 ロボトレーサの基礎知識

表2.9 各種受光素子の性質

受光素子	感度	応答速度
フォトダイオード	150μA／1000lx程度	80ns程度
フォトトランジスタ	1mA／100lx程度	5μs程度
フォトダーリントントランジスタ	10mA／10lx程度	100μs程度
CdS	1mS／1000lx程度	15ms程度

(a) フォトダイオード　(b) フォトトランジスタ　(c) フォトダーリントントランジスタ　(d) CdS

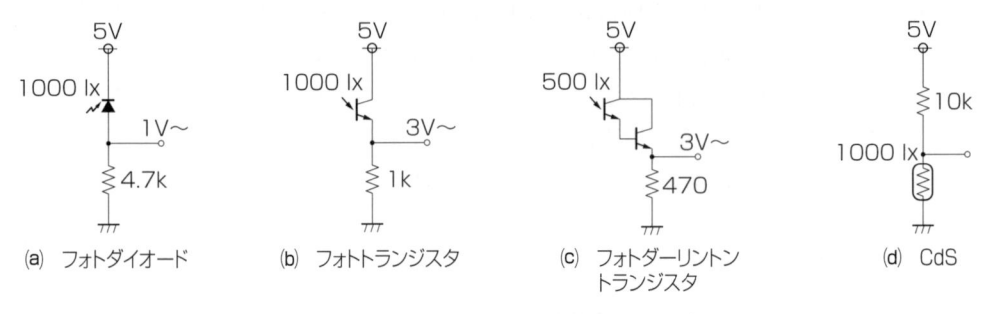

図2.42　各種受光素子による基本回路

　フォトダイオード，フォトトランジスタ，フォトダーリントントランジスタは光半導体であり，PN接合部に光が入射すると光起電力が発生する原理を利用したものである。光起電力は入射光のエネルギーに比例する。

　光半導体には波長による選択性があり，LEDや電球などの光源の波長に一致していないと感度が悪くなる。したがって，投光器と受光器のスペクトル分布をよく検討してから使用しなければならない。

　ロボトレーサでは，フォトトランジスタまたはフォトダイオードを反射型として使用することが多い。つまり，赤外線発光ダイオードなどの投光器から発光した光をラインに反射させ，その反射光を受光器で受けて使用することになる。この反射光のレベルは非常に低く，フォトダイオードの場合，得られる光電流は200μAにも満たない。したがって，この信号を増幅してからディジタル信号に変化することが必要になる。

　フォトトランジスタの応答時間は負荷抵抗の大きさで決まり，1kΩ前後の抵抗値においておよそ10〜30μs程度となる。外乱を除去するため発光器から発生する光を変調して使用する場合は，この応答速度が問題になる。変調周波数をある程度以上高くすると，フォトトランジスタでは追従しなくなる。変調周波数を高くする場合は，応答速度の速いフォトダイオードを使用する。図2.43にフォトトランジスタの例（東芝 TPS616）を示す。

2.5 センサとコントロール回路

■外形寸法図

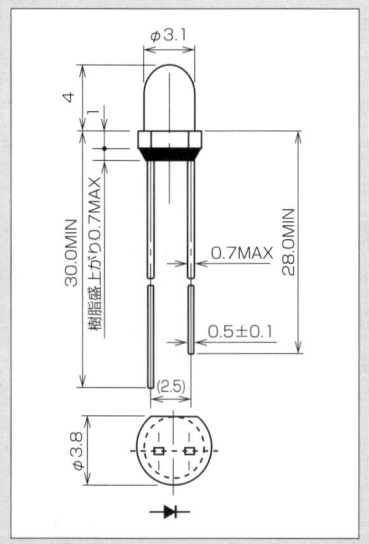

■最大定格（$T_a=25℃$）

項　目	記　号	定格	単位
コレクタ・エミッタ間電圧	V_{CEO}	30	V
エミッタ・コレクタ間電圧	V_{ECO}	5	V
コレクタ電流	I_C	20	mA
コレクタ損失	P_C	75	mW
コレクタ損失低減率	$\Delta P_C/℃$	－1.0	mW/℃
動作温度	T_{opr}	－30〜85	℃

■電気的特性（$T_a=25℃$）

項　目		記　号	設定条件	Min.	Typ.	Max.	単位
暗電流		$I_D(I_{CED})$	$V_{CE}=24V, E=0$	－	10	100	nA
光電流		$I_L(I_C)$	$V_{CE}=3V, E=0.1mW/cm^2$（注）	10	30	－	μA
コレクタ・エミッタ間飽和電圧		$V_{CE(sat)}$	$I_C=5μA, E=0.1mW/cm^2$（注）	－	0.2	0.4	V
スイッチング時間	立上り時間	t_r	$V_{CC}=10V, I_C=1mA$	－	9		μs
	降下時間	t_r	$R_L=1kΩ$	－	10		

（注）色温度＝2870K 標準タングステン電球

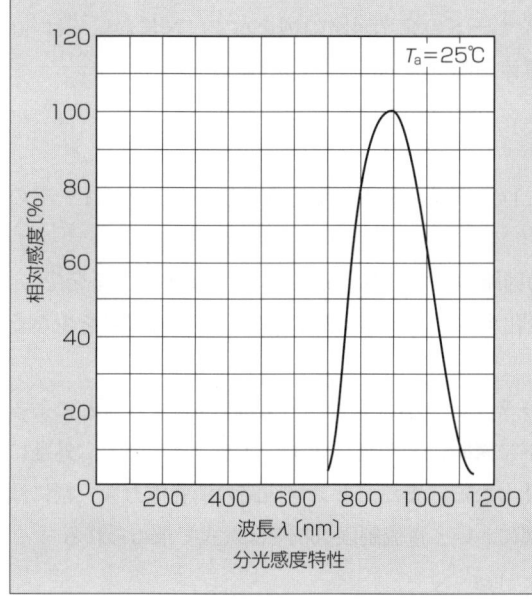

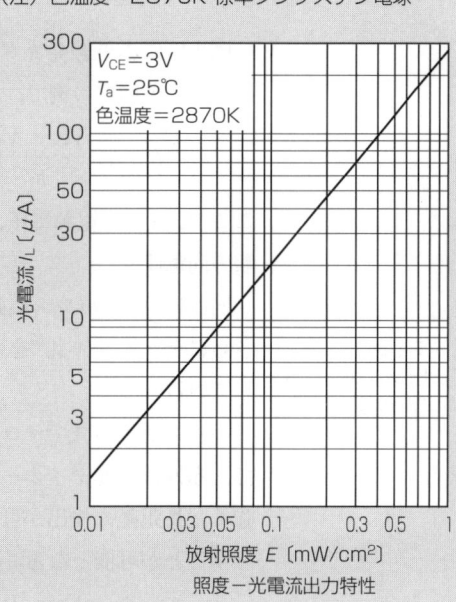

分光感度特性

照度－光電流出力特性

図2.43　フォトトランジスタ（TPS616）

2 発光素子

ロボトレーサの光センサの光源として，発光ダイオード（LED：light emitting diode）が多く使用されている。中でも赤外線発光ダイオードは可視光の発光ダイオードに比べて高効率であることから，工業用センサや家電製品のリモコンまで幅広く使用されている。ロボトレーサの光センサも圧倒的多数が赤外線発光ダイオードである。

発光ダイオードは，順方向に電流を流したときに光を発生するダイオードであり，図2.44のように特定のスペクトラム（緑，赤，赤外線など）で発光のピークがある。したがって，波長選択性をもつフォトトランジスタやフォトダイオードと組み合わせて使用するためには，光源の波長に一致したものを選ばなければならない。

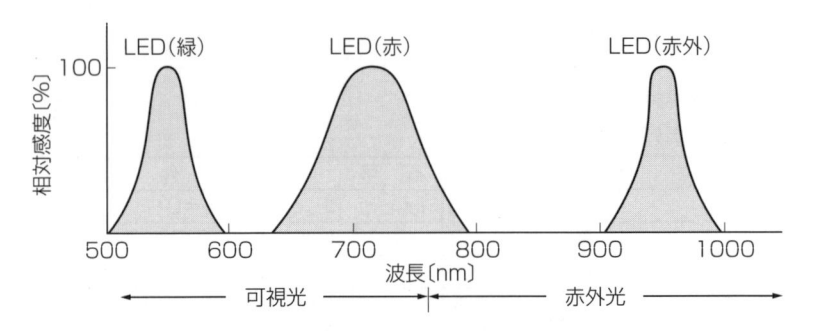

図2.44 発光ダイオードの発光スペクトラム

図2.45に赤外線発光ダイオードの発光回路の例を示す。図においては(a)は直流駆動回路の例で，電流制限抵抗Rは次式で求められる。

$$R = \frac{V_{CC} - V_F}{I_F}$$

ここで，V_{CC}：電源電圧，V_F：ダイオードの順方向電圧，I_F：ダイオードの順方向電流

同図は(b)はパルス駆動回路の例である。555によってキャリアを発生し，さらにデューティ比①を変化することができるようにして消費電流を少なくしている。

パルス駆動方式でデューティ比を小さく（たとえば1%）することによって，赤外線発光ダイオードに瞬時に大電流を流すことができるので，外乱に強く，長距離の検出が可能となる。また，センサ回路の消費電力も大幅に減らすことが可能となる。図において電流制限抵抗Rは次式で求められる。

$$R = \frac{V_{CC} - V_F - V_{CE}}{I_F}$$

①デューティ比
繰り返し矩形波において，論理レベル"1"の割合。

2.5 センサとコントロール回路

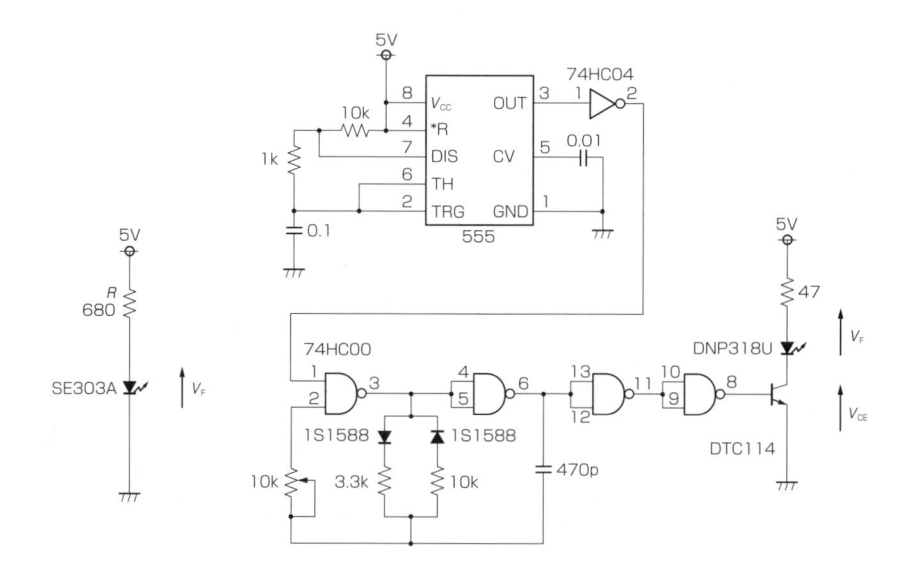

(a) 直流駆動回路の例　　　(b) パルス駆動回路の例

図2.45　赤外線発光ダイオードの発光回路

ここで，V_{CC}：電源電圧，V_F：ダイオードの順方向電圧，I_F：ダイオードの順方向電流，V_{CE}：コレクターエミッタ間飽和電圧

図2.46に赤外線発光ダイオードの例（日本電気 SE303A）を示す。

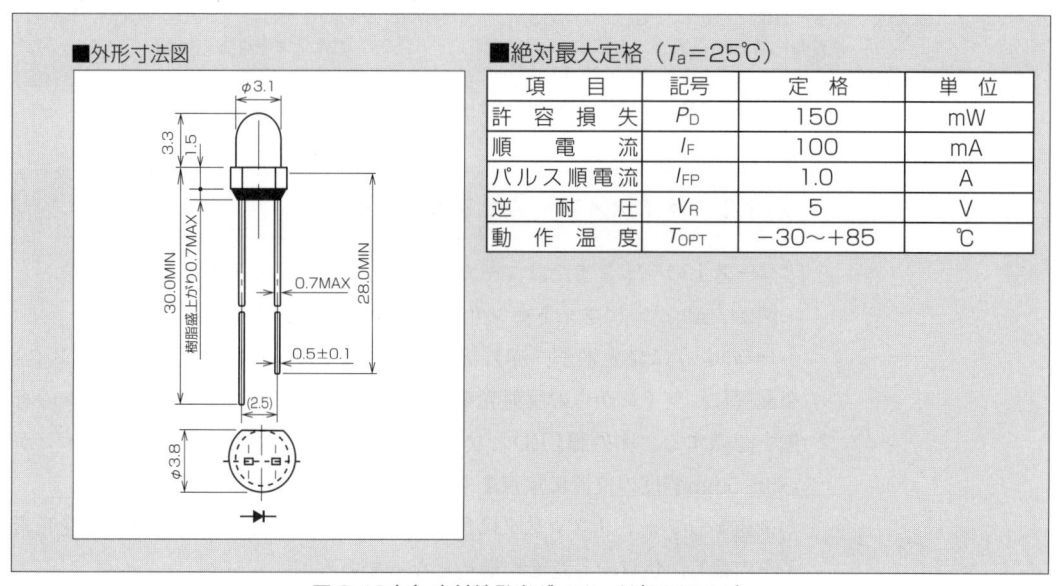

■外形寸法図

■絶対最大定格（$T_a=25℃$）

項　目	記号	定　格	単　位
許容損失	P_D	150	mW
順電流	I_F	100	mA
パルス順電流	I_{FP}	1.0	A
逆耐圧	V_R	5	V
動作温度	T_{OPT}	$-30～+85$	℃

図2.46（a）赤外線発光ダイオード(SE303A)

■電気的特性（$T_a=25℃$）

項　目	記号	条　　件	Min.	Typ.	Max.	単位
順　電　圧	V_F	$I_F=50mA$		1.25	1.4	V
パルス順電圧	V_{FP}	$I_{FP}=1.0A$, $PW=5ms$		2.1	2.6	V
逆　電　流	I_R	$V_R=5V$			10	μA
端子間容量	C_t	$V=0$, $f=1MHz$		40		pF
ピーク発光波長	λ_{peak}	$I_F=50mA$		940		nm
スペクトル半値幅	$\Delta\lambda$	$I_F=50mA$		50		nm
光　出　力	P_O	$I_F=50mA$	5	8		mW
パルス光出力（Ⅰ）	I_{ep}(C.V.)	$V_{CC}=2.8V$, $R_L=2\Omega$		105		mW/sr
パルス光出力（Ⅱ）	I_{ep}	$I_{FP}=500mA$($PW=10\mu s$, デューティ比1%)		100		mW/sr
光　出　力	I_e	$I_F=50mA$		12		mW/sr
応答速度	t_{on}, t_{off}	$I_F=50mA$		1		μs

■特性回路図

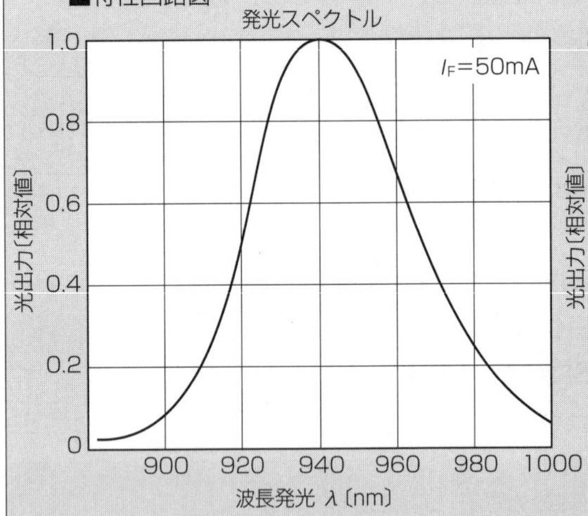

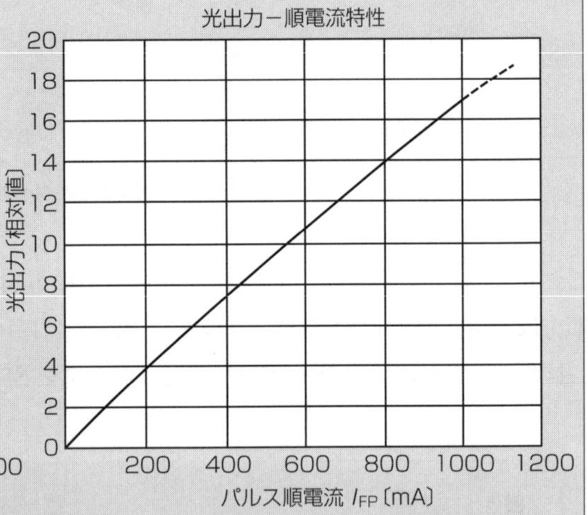

図2.46（b）赤外線発光ダイオード（SE303A）

2.5.2　ライン／マーカセンサ

コース上のラインまたはマーカの検出方法を考えてみよう。

図2.47(a)，(b)にフォトセンサによるラインの検出方法を示す。

(a)のように発光素子（赤外線LED）と受光素子（フォトトランジスタ）を配置し，ラインからの反射光をフォトトランジスタで受光してラインの有無を認識する。赤外線LEDとフォトトランジスタは角度を付け，ラインから3～5mm程度の位置に焦点をもたせるとよい。

後述するフォトリフレクタは角度をもたせて配置された発光素子と受光素子を内蔵し，焦点をもたせた構造となっている。

図(b)はセンサとラインの位置関係を表したものである。ラインとロボットの"ずれ"によっていずれかのセンサがONとなるので，"ずれ"を修正す

2.5 センサとコントロール回路

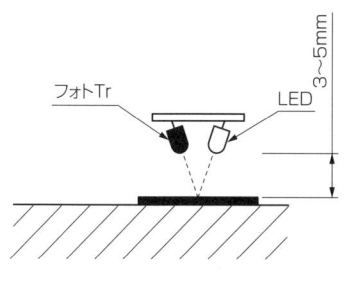

(a) センサの配置例

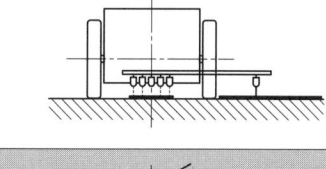

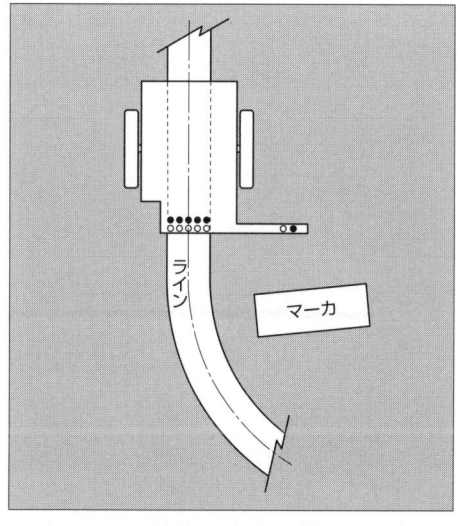

(b) センサとラインの位置関係

図 2.47　フォトセンサによるラインの検出方法

る方向にロボットの姿勢をコントロールする。ラインを見失った場合，すべてのセンサがOFFとなるので，いったんブレーキをかけて，競技台からの落下を防止し，ラインを検出するまで低速で後退してコースに復帰するとよい。（ラインを見失った時点でのロボットの進行方向はゴールに向かう方向である確率が高いので，このように［ブレーキ］→［後退］という動作を行う。もし，ラインを見失った時点でスラローム（旋回）によってラインに復帰しようとすると，ゴールとは逆方向を向く確率が高くなるだけでなく，競技台から落下しやすくなる。このようなトラブルに対処するため，ロボットレーサには後退とブレーキの機能があったほうが望ましい。）

図2.48にフォトセンサによるラインの検出回路例を示す。

受光側のフォトトランジスタは高入力インピーダンス[1]とするためエミッタホロワ[2]としている。この抵抗値を大きくすると感度が上がるが，外乱[3]の影響を受けやすくなるので1kΩから数kΩの範囲の抵抗値が妥当である。図の回路では4.7kΩとした。ロボットに組み込む前に実験を行って，抵抗の最適値を見つけておくとよい。

HC－MOS ICの74HC14はシュミットトリガ入力のICであり，これによって外乱（太陽光や室内光）を除去している。

[1] 入力インピーダンス
回路の入力側から見たインピーダンス。逆に出力側から見たインピーダンスは出力インピーダンスである。

[2] エミッタホロワ
（emitter follower）
交流信号の増幅において，入力信号と出力信号の共通端子をコレクタとする方法。コレクタ接地ともいう。エミッタホロワは入力インピーダンスが高く，出力インピーダンスが低いので，インピーダンス変換に用いられる。

[3] 外乱
たとえば赤外線センサによってコース上のラインを検出する場合を考えてみる。赤外線を発光し，ラインから反射された光の強度を測定することによってラインを検出することができる。このとき，発光した赤外線以外の太陽光や室内光などを外乱といい，測定結果に影響を及ぼす原因となる。センサ回路を設計する場合，なんらかの方法で外乱を

第 2 章　ロボトレーサの基礎知識

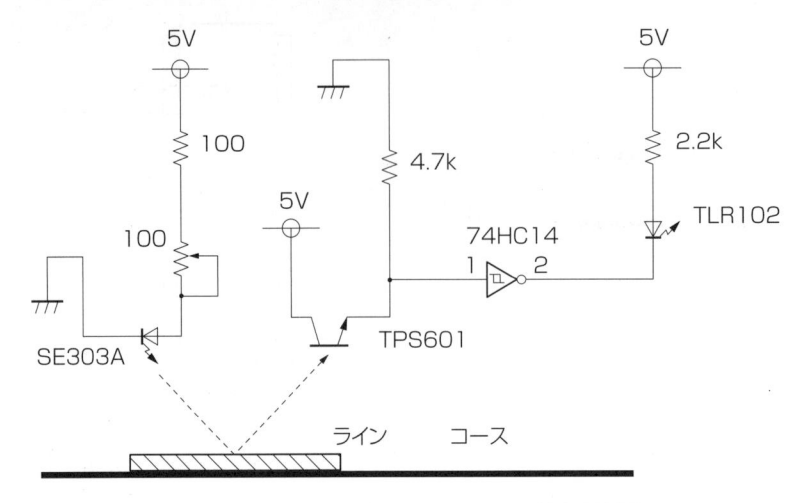

図 2.48　フォトセンサによるラインの検出回路例

①インタフェース (interface)
接続を行うためのハードウェア／ソフトウェアの総称である．たとえば，人とロボットのインタフェースはマン・マシン・インタフェースであり，コンピュータとプリンタのインタフェースはプリンタ・インタフェースである．

②シュミットトリガ回路 (Schmidt trigger circuit)
入出力特性にヒステリシス（入力電圧を増加していったとき出力が反転するスレッショルドレベルと，逆に入力電圧を減少していったとき出力が反転するスレッショルドレベルとの間に差をもつこと）を有する回路．センサ回路では，ゆっくり変動する室内光や室外光などの外乱を，このシュミットトリガ回路によって除去することができる．

③SN 比
信号と雑音との比率を SN 比 (signal to noise ratio) といい，この値が大きいほど外乱に強いセンサといえる．

　図 2.49 にディジタル出力型フォトリフレクタ（浜松ホトニクス P3062-01）を示す．高出力の赤外線発光ダイオード／高感度のフォトダイオード／アンプ／シュミットトリガゲート／出力トランジスタなどをワンチップに集積している．ディジタル出力が得られるので IO ポートに直結することができ，マイコンとのインタフェース[①]が容易である．

　また，可視光カットフィルタとシュミットトリガ回路[②]により，SN 比[③]が高く，外乱に強くなっている．

　図 2.50 にこのフォトリフレクタによるラインの検出回路例を示す．図のように電流制限抵抗とフィルタ用のコンデンサを取り付けるだけある．

　本書ではこのディジタル出力型フォトリフレクタ（浜松ホトニクス P3062-01）をラインセンサとして使用し，その製作およびコントロールの方法を説明する（第 5 章 ロボトレーサの製作）．

2.5 センサとコントロール回路

■外形寸法図とピン接続(単位：mm)

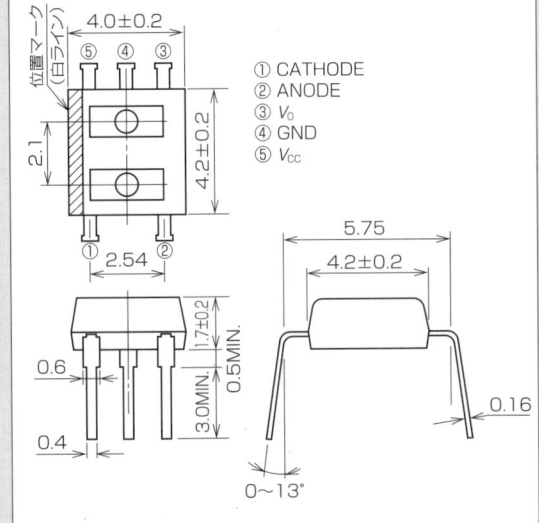

① CATHODE
② ANODE
③ V_O
④ GND
⑤ V_{CC}

■最大定格($T_a=25℃$)

	項　目	記号	定　格	単位
入力	順　電　流	I_F	50	mA
	逆　電　圧	V_R	5	V
	許　容　損　失	P	75	mW
出力	電　源　電　圧	V_{CC}	16	V
	ローレベル出力電流	I_{OL}	50	mA
	許　容　損　失	P_O	150	mW
動　作　温　度		T_{opr}	$-25\sim+85$	℃
保　存　温　度		T_{stg}	$-40\sim+100$	℃
はんだ付け温度			260℃，5秒以内	

■電気的特性

	項　目	記号	条　件	Min.	Typ.	Max.	単位
入力	順　電　圧	V_F	$I_F=20mA$	−	1.3	1.6	V
	逆　電　流	I_R	$V_R=5V$	−	−	10	μA
	端　子　間　容　量	C_t	$V=0, f=1kHz$	−	30	−	pF
出力	動　作　電　源　電　圧	V_{CC}		4.5	−	16	V
	ローレベル出力電圧	V_{OL}	$V_{CC}=5V, I_{OL}=16mA, I_F=0mA$	−	0.1	0.4	V
	ハイレベル出力電流	I_{OH}	$V_{CC}=V_O=15V, I_F=20mA$	−	−	100	μA
	ローレベル供給電流	I_{CCL}	$V_{CC}=5V, I_F=0mA$	−	5.2	12	mA
	ハイレベル供給電流	I_{CCH}	$V_{CC}=5V, I_F=20mA$	−	3.2	10	mA
伝達特性	L→Hスレッシュホールド入力電流(1)	I_{FLH}	$V_{CC}=5V, R_L=280Ω, d=3mm$	−	−	20	mA
			反射面：白紙(反射率90％以上)	−	−		
	ヒ　ス　テ　リ　シ　ス		I_{FHL}/I_{FLH}	−	0.9	−	μs
	L→H伝搬遅延時間(2)	t_{PLH}	$V_{CC}=5V, I_F=20mA$	−	2.0	9	μs
	H→L伝搬遅延時間(2)	t_{PHL}	$R_L=280Ω$	−	4.0	15	μs
	立　上　り　時　間(2)	t_r		−	0.15		μs
	立　下　り　時　間(2)	t_f		−	0.05		μs

(1)V_{CC}～GND間に0.01μF以上のコンデンサを接続して下さい。
(2)応答時間測定回路

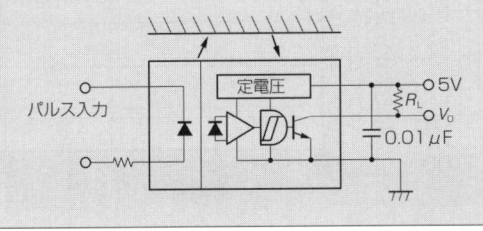

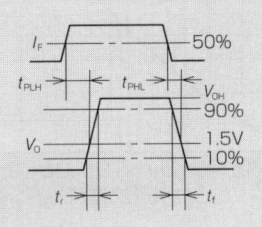

図2.49(a)　フォトリフレクタ(P3062-01)

第2章 ロボトレーサの基礎知識

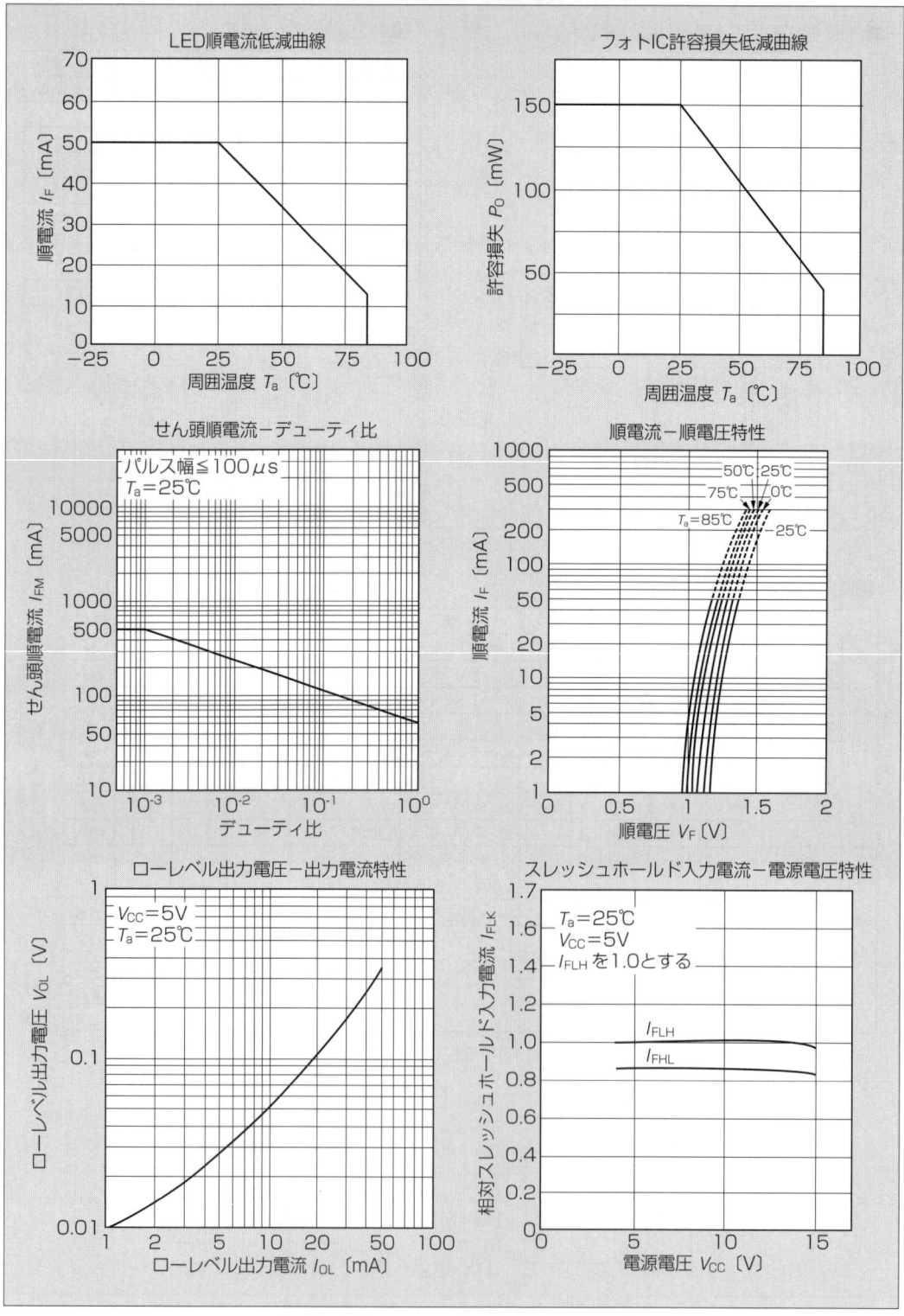

図2.49(b) フォトリフレクタ (P3062-01)

2.5 センサとコントロール回路

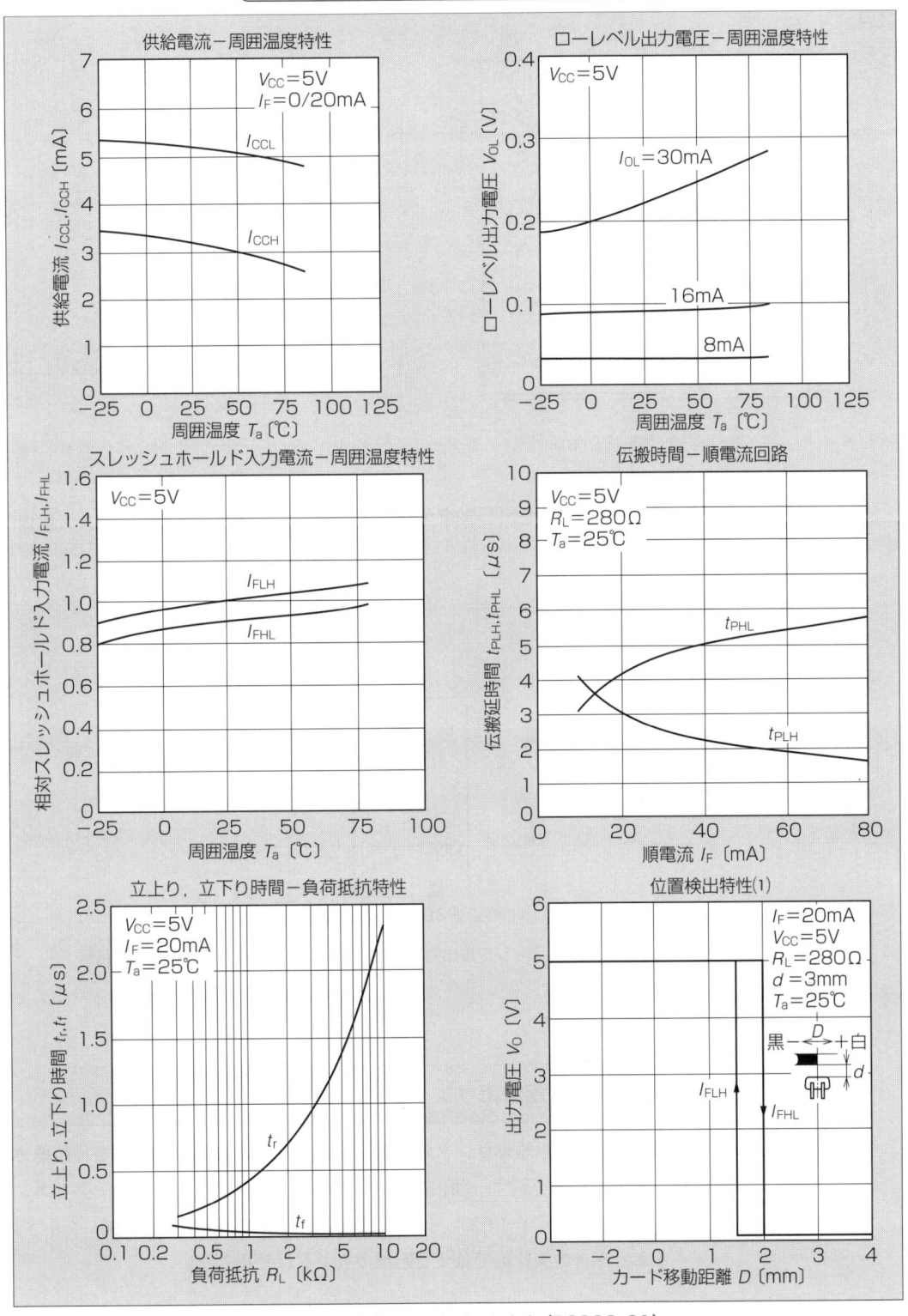

図 2.49(c) フォトリフレクタ (P3062-01)

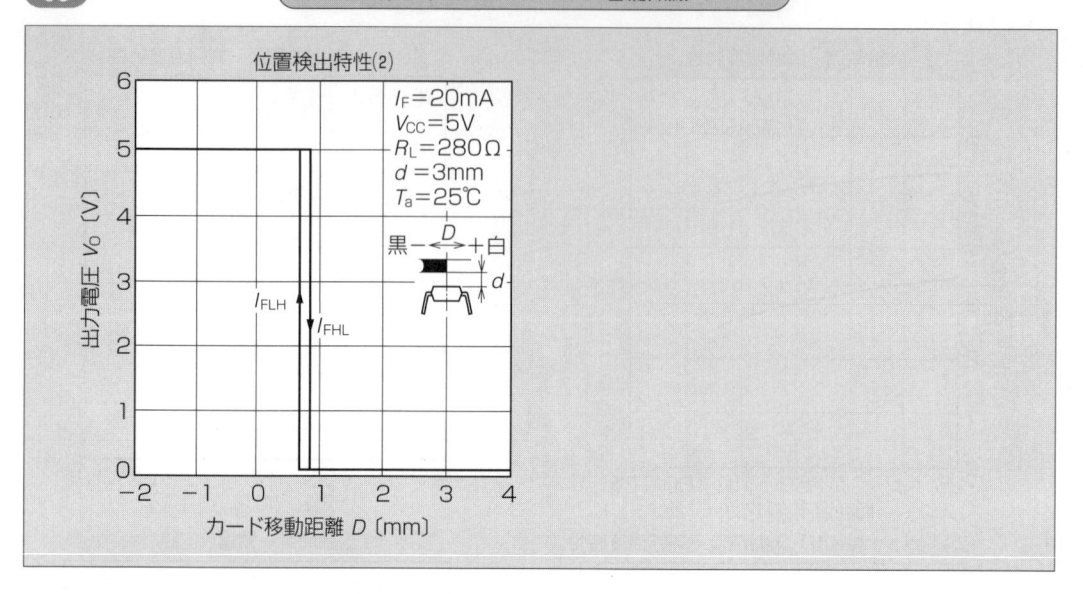

図 2.49(d)　フォトリフレクタ（P3062-01）

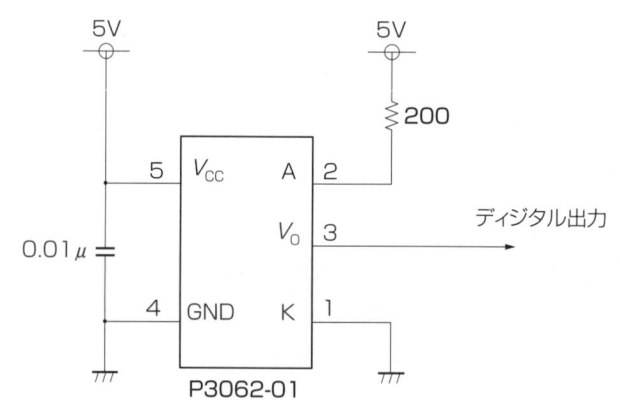

図 2.50　ディジタル出力フォトリフレクタによるラインの検出回路例

2.5.3　走行距離カウンタ

　図2.51に走行距離カウンタの配置例を，また，図2.52(a), (b)に走行距離カウンタの回路例を示す。図2.53に走行距離カウンタに使用するロータリエンコーダ（コパル電子 RE20）を，図2.54に（OMRON E6A－CW100）を示す。
　なお，本書の製作編では走行距離カウンタは使用しない。

2.5 センサとコントロール回路

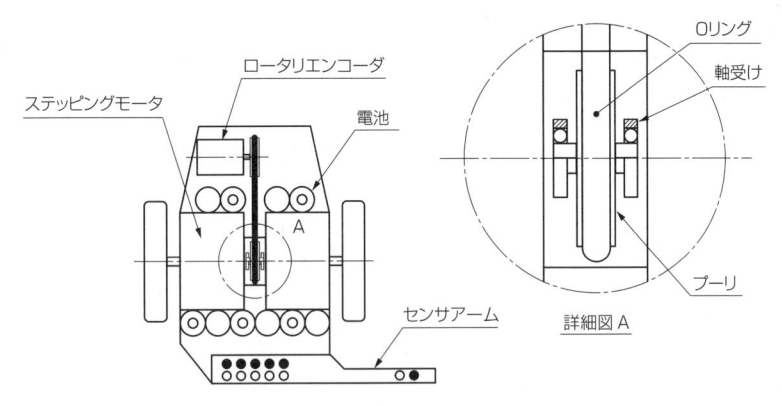

図 2.51　走行距離カウンタの配置例

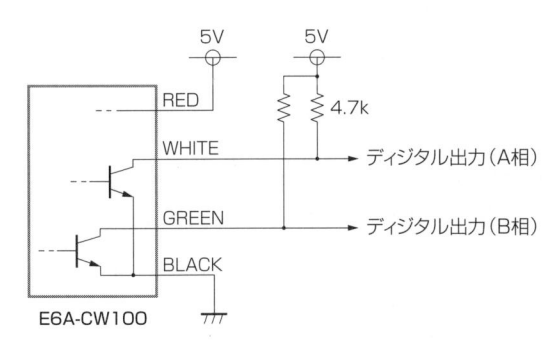

(a)　ディジタル出力型ロータリエンコーダ

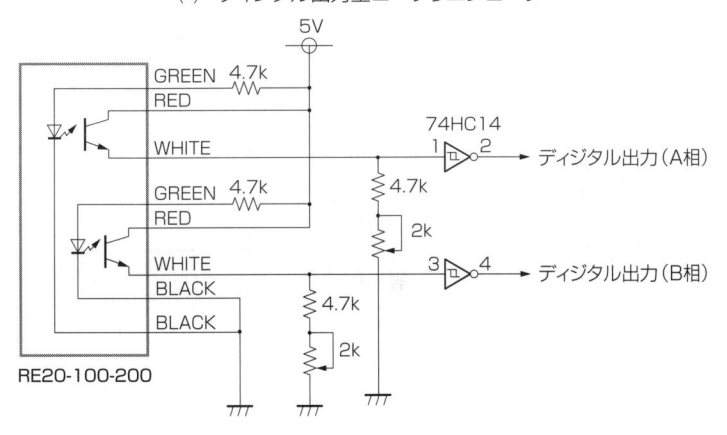

(b)　SIN出力型ロータリエンコーダ

図 2.52　走行距離カウンタの回路例

第2章 ロボトレーサの基礎知識

■外形寸法図

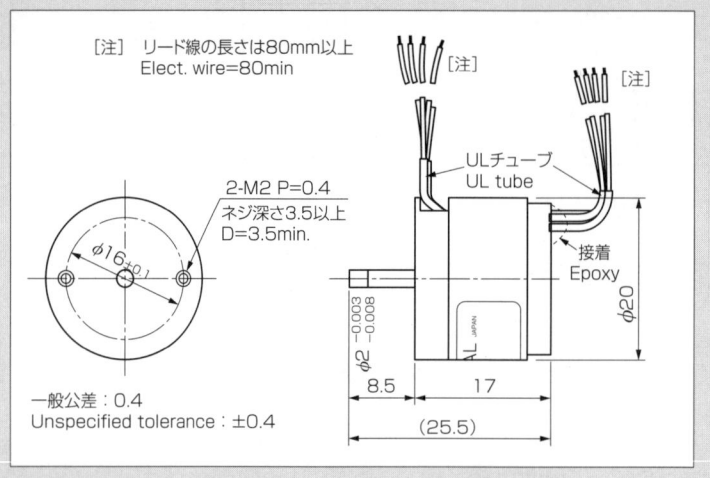

[注] リード線の長さは80mm以上
Elect. wire=80min

2-M2 P=0.4
ネジ深さ3.5以上
D=3.5min.

φ16±0.1
φ2 −0.003/−0.008
ULチューブ
UL tube
接着
Epoxy
φ20
8.5
17
(25.5)

一般公差：0.4
Unspecified tolerance：±0.4

■内部回路

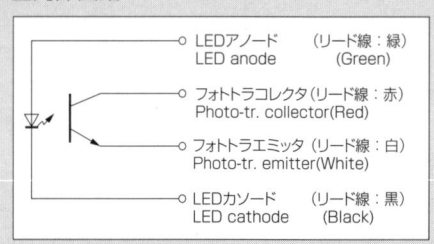

- LEDアノード　　（リード線：緑）
  LED anode　　　　　（Green）
- フォトトラコレクタ（リード線：赤）
  Photo-tr. collector(Red)
- フォトトラエミッタ（リード線：白）
  Photo-tr. emitter(White)
- LEDカソード　　（リード線：黒）
  LED cathode　　　（Black）

■出力信号波形

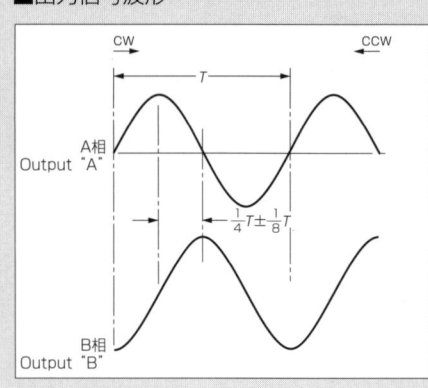

CW ← T → CCW
A相 Output "A"
$\frac{1}{4}T \pm \frac{1}{8}T$
B相 Output "B"

■形式表示

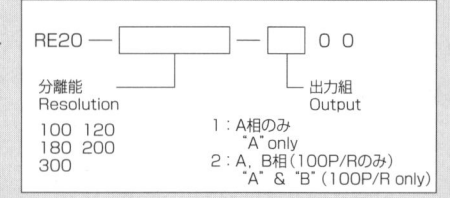

RE20 — □ — □ 0 0

分離能　　　　　　　　　出力組
Resolution　　　　　　　Output
100　120
180　200　　　1：A相のみ
300　　　　　　　　"A" only
　　　　　　　　2：A, B相(100P/Rのみ)
　　　　　　　　　"A" & "B" (100P/R only)

■電気仕様

電源電圧 Input voltage	DC5V±5%	
電源電流 Input current	40mA Max.	
出力波形 Output wave form	近似正弦波 Quasi-sinusoidal	
出力組 Outputs	A, B	Aのみ A only
分解能(P/R) Resolution	100	120,180 200,300
A・B位相差 Phase difference of uotputs A & B	90°±45°	
応答周波数 Frequency response	12kHz	
出力信号振幅 Outputs amplitude	1Vp-p Min.	150mVp-pMin.
出力振幅変動率 Output amplitude variation	40% Max.	
光源 Light source	LED(GaAs)	
光源寿命 LED life	50000H	

■機械仕様

始動トルク Starting torque		0.5g·cm Max.
慣性モーメント Inertia		0.2g·cm² Max.
シャフト荷重 Shaft loading	ラジアル方向 Radial	200g Max.
(取付時 When mounting)	スラスト方向 Axial	500g Max.
機械的回転寿命 Rotational life		10^9回転 10^9 revolutions
重量 Net weight		15g

図2.53　ロータリエンコーダ(RE20)

2.6 ロボトレーサのステアリングメカニズム

■種類と定格

	E6A-CS100	E6A-CS200	E6A-CW100
電源電圧	4.5～13Vリップル(P-P)5%以下		
消費電流	20mA以下		
出力相数	シングル(1相)		リバーシブル(2相)
出力パルス数	100パルス／回転	200パルス／回転	100パルス／回転
応答パルス数	5000パルス／秒	10000パルス／秒	5000パルス／秒
許容最高回転数	5000rpm		
許容軸負荷容量	ラジアル方向1kgf　スラスト方向500gf		

■取付

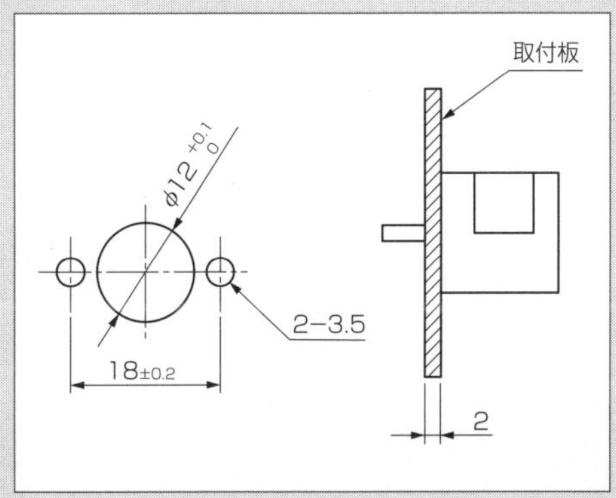

■出力段回路図

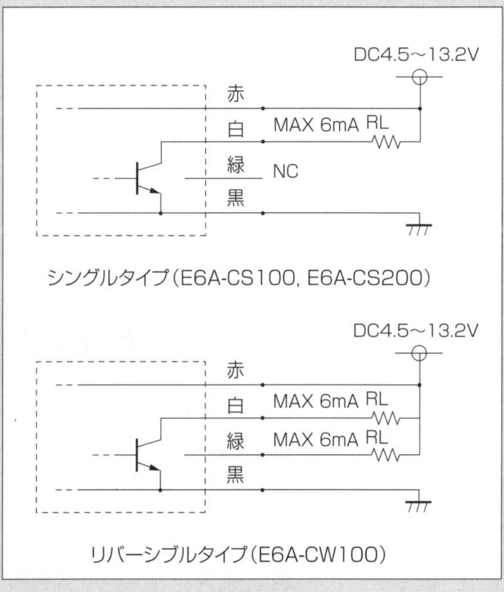

シングルタイプ(E6A-CS100, E6A-CS200)

リバーシブルタイプ(E6A-CW100)

図2.54　ロータリエンコーダ(E6A-CW100)

2.6 ロボトレーサのステアリングメカニズム

図2.55にロボトレーサのステアリング方式の例を示す。

2.6.1 二輪PWS[①]方式

駆動輪を2つ（左右）に配置し，これらを互いに逆に回転させることによって"その場回転"，つまり極地転回を行う。またスラローム（旋回）する場合は左右の車輪の回転方向を同一とし，これらの回転数を互いに異なるようにコントロールする。たとえば右にスラロームする場合は，右側の車輪の

①PWS (power wheeled steering)
左右の駆動輪の回転数を独立にコントロールすることによって移動方向を変更するステアリング方式

(a) 二輪PWS方式　　　　　　　　(b) 後輪駆動方式

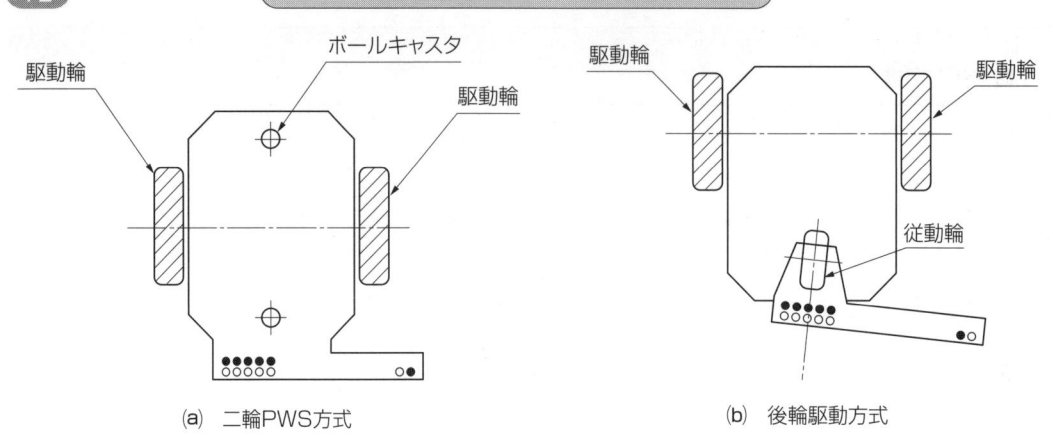

図2.55　ロボトレーサのステアリング方式の例

回転数を低くする．ロボトレーサでは構造を簡単にし，軽量化するために，従輪の代わりにボールキャスタやスライダなどが多く用いられている．

2.6.2　後輪駆動方式

後輪駆動の自動車と同様の方式であり，駆動輪の向きを固定しておき，従輪の向きを変えることによって操舵を行う．駆動輪の向きのコントロールは小型のDCギアドモータまたはラジコン用サーボを用いるとよい．

この方式ではステアリングが滑らかになるが，回転半径を小さくすることができない．なお，前輪駆動方式は駆動輪の向きを変えるためのメカニズムが必要になるので，構造が非常に複雑になり，ロボトレーサのステアリングに使用されることはないようである．

2.7　電　池

ロボトレーサの電源は電池であり，以下のような組み合わせが一般的である．

単3型ニッケルカドミウム電池
　　12.0V（10本直列）　　14.4V（12本直列）

単4型ニッケル水素電池
　　14.4V（12本直列）　　16.8V（14本直列）　　19.6 V（16本直列）

これまで単3型やガム型のニッケルカドミウム電池を使用することが多かったが，最近はこれよりも軽量で大容量の単4型ニッケル水素電池が安価に

2.7 電池

入手できるようになったので，本書ではこれを用いて製作する。

図2.56にニッケル水素電池の例（三洋電機）を示す。

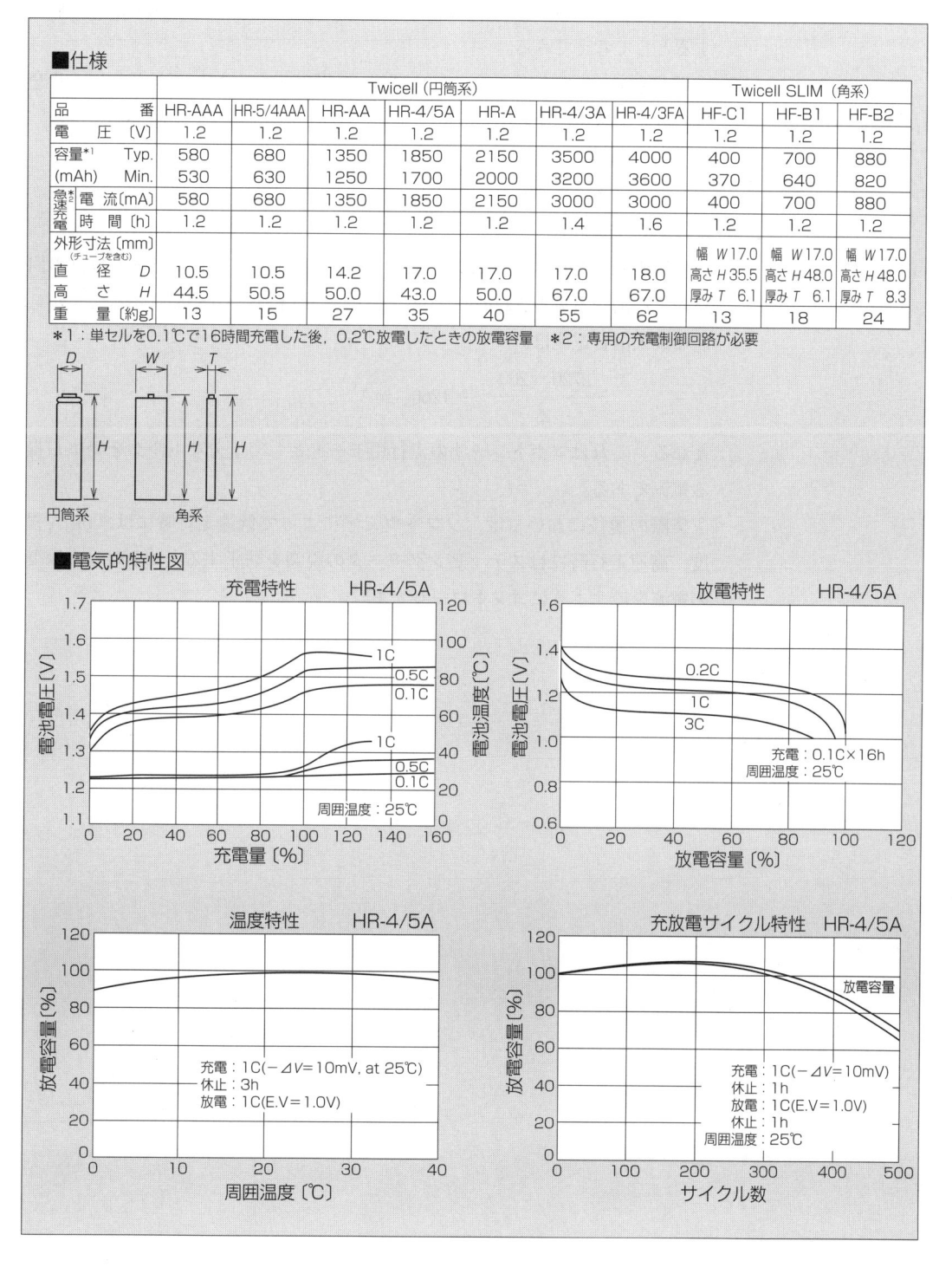

■仕様

品番	Twicell（円筒系）							Twicell SLIM（角系）		
	HR-AAA	HR-5/4AAA	HR-AA	HR-4/5A	HR-A	HR-4/3A	HR-4/3FA	HF-C1	HF-B1	HF-B2
電圧〔V〕	1.2	1.2	1.2	1.2	1.2	1.2	1.2	1.2	1.2	1.2
容量[*1] Typ.(mAh)	580	680	1350	1850	2150	3500	4000	400	700	880
Min.	530	630	1250	1700	2000	3200	3600	370	640	820
急速充電[*2] 電流(mA)	580	680	1350	1850	2150	3000	3000	400	700	880
時間(h)	1.2	1.2	1.2	1.2	1.2	1.4	1.6	1.2	1.2	1.2
外形寸法〔mm〕（チューブを含む） 直径 D	10.5	10.5	14.2	17.0	17.0	17.0	18.0	幅 W17.0 高さ H35.5 厚み T 6.1	幅 W17.0 高さ H48.0 厚み T 6.1	幅 W17.0 高さ H48.0 厚み T 8.3
高さ H	44.5	50.5	50.0	43.0	50.0	67.0	67.0			
重量〔約g〕	13	15	27	35	40	55	62	13	18	24

*1：単セルを0.1℃で16時間充電した後，0.2℃放電したときの放電容量　　*2：専用の充電制御回路が必要

■電気的特性図

図 2.56　ニッケル水素電池の例

第2章 ロボトレーサの基礎知識

本書では，図の電池の中から，単4サイズのHR－5/4AAAを用いる。重量，放電特性などを考えるとロボトレーサに最適な電池であるといえる。

大会での持ち時間は3分であるが，余裕をもって15分で電池を完全に消費するとして考えてみる。

単4型ニッケル水素電池（680mAh）を用いるものとし，ロボトレーサ全体の最大消費電流を x とすると，

$$\frac{680}{x} = \frac{15}{60}$$

よって $x = 2720$ mA

使用する走行用ステッピングモータを2台，また，走行用モータ以外の回路の平均消費電流を200mAとすると，モータ1台あたりが消費することが可能な最大消費電流は，

$$\frac{2720 - 200}{2} = 1260 〔\text{mA}〕$$

となる。これはロボトレーサの走行用モータとして十分なトルクを発生し得る電流である。

実際の競技においては，ソフトウェアによって低速走行時には800mA程度，高速走行時にはステッピングモータの脱調を防止するため1000mA以上の電流を流すようにコントロールする。

3 ワンチップマイコンTMPZ84C015

3.1 TMPZ84C015の内部ブロック

TMPZ84C015は以下のブロックに分けられる。

❶ **CPU（セントラルプロセシングユニット）コア**
- マイクロプロセッサの中心部であり，コントロールおよび演算を行う。
- ザイログZ80に相当するCPUコアである。

❷ **CGC（クロックジェネレータコントローラ）**
- マイクロプロセッサの動作の基準となる信号（クロック）を発生するための回路である。
- 水晶発振回路と組み合わせて動作する。

❸ **PIO（パラレル入出力コントローラ）**
- 汎用の入出力ポートである。
- 2組の8ビット入出力ポートを内蔵している。
- それぞれのポートには内部でI/Oアドレスが割り当てられている。
- ザイログZ80PIOに相当する回路である。

❹ **CTC（カウンター／タイマサーキット）**
- タイマ／カウンタ動作の切り替えやインターバルタイマ，カウントなどを行うことができる回路である。
- 4チャネルの8ビットタイマ／カウンタを内蔵している。
- それぞれのチャネルには内部でI/Oアドレスが割り当てられている。
- ザイログZ80CTCに相当する回路である。

❺ **SIO[1]（シリアル入出力コントローラ）**
- プログラムによってRS-232CやMIDIなどのシリアルデータ通信をコントロールする回路である。
- 2チャネルのシリアル通信ポートを内蔵している。
- それぞれのチャネル内部でI/Oアドレスが割り当てられている。

[1] SIO（counter timer circuit）シリアル入出力コントローラ。本書ではザイログ社の汎用シリアルインタフェースデバイスLSIのZ80SIOをSIOと称している。そのほか，SIOにはインテル社のi8251USART，ナショナルセミコンダクタ社のINS8250などがある。

① マイコンシステムの暴走
マイコンシステムにおいて，プログラムされたとおりに動作しない状態，つまり正規の動作でない状態を暴走という。これはCPU内部のPC（プログラムカウンタ）の異常によって発生し，コンピュータに制御をゆだねている機械にとってはきわめて危険な状態となってしまう。このため，CPUの動作やマイコンシステムの状態を常に監視するための回路がウオッチドッグタイマである。

② ハンドシェイク
データのやり取りを行う場合，データ線以外に制御線を用いてデータの受け渡しを行う方法。

③ ダーリントントランジスタ
内部で2つのトランジスタを直結（たとえばNPNトランジスタのエミッタともう一方のNPNトランジスタのコレクタを接続）し，見かけ上の増幅率を大きくしたトランジスタ。

④ 割り込みベクトル
割り込みが発生したとき，それまでの処理を一時中断して割り込み処理プログラムへジャンプするが，そのジャンプ先アドレス。

⑤ デイジーチェーン
割り込みを発生するデバイスが複数（たとえばPIO，SIO，CTCなど）ある場合，これらの割り込み許可入力端子を連続的に接続し，その接続の順番によって割り込みの優先順位をつける方法。

・ザイログZ80SIOに相当する回路である。

❻ WDT（ウオッチドッグタイマ）

・マイコンシステムの暴走①による誤動作を検出し，正常動作にもどす動きをする回路であり，機器組み込み用コンピュータには欠かせないものである。

・内部でI/Oアドレスが割り当てられている。

3.2 PIO

3.2.1 PIOの機能

PIOの機能と特長は以下の通りである。

① 独立した2組の8ビットポートをもち，それぞれのポートにハンドシェイク機能②がある。

② 各ポートごとにバイト（8ビット同時）出力モード，バイト入力モード，バイト双方向モード，ビットモードを選択することができる。

③ ポートBはダーリントントランジスタ③を直接ドライブすることができる。

④ 割り込みベクトル④をもち，CPUのモード2割り込みで，ディジーチェーン⑤によって割り込み優先順位を設定することができる。

3.2.2 PIOの構成

図3.1にPIOの構成を示す。

・ポートAとポートB：TMPZ84C015には図のようにPIOが2組（ポートA，ポートB）内蔵されている。

・データバス：CPUのデータバスに接続されており，各ポートへのコマンド書き込み，ポートへのデータ出力，ポートからのデータ読み込みを行う。

3.2 PIO

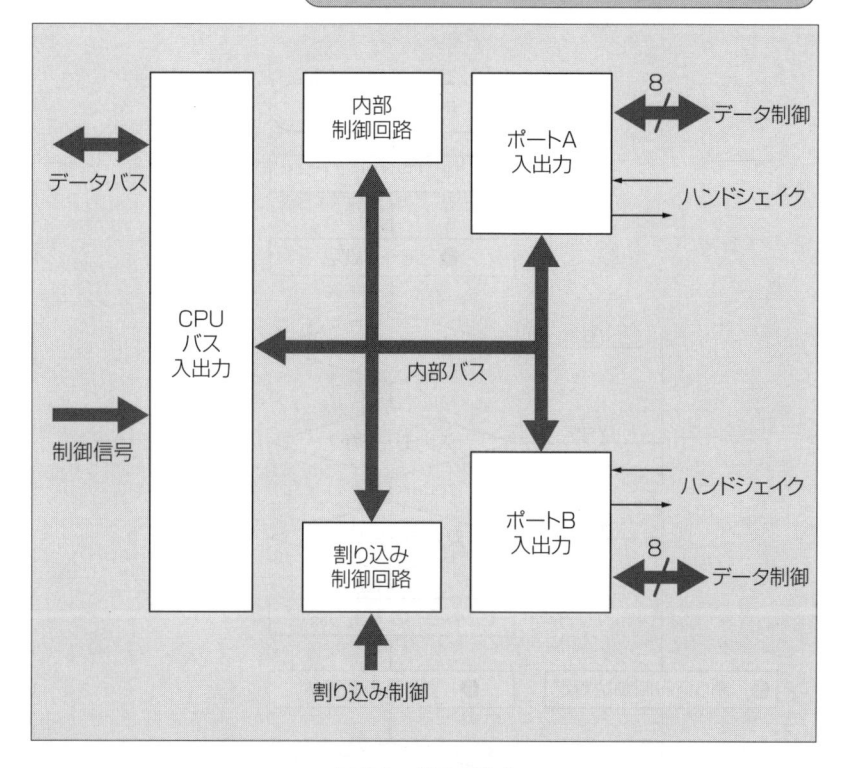

図3.1 PIOの構成

3.2.3 PIOのコントロール

図3.2にPIOのイニシャライズ[①]（初期設定）のフロチャートを，図3.3にPIOのコントロールワード（制御語）を示す。PIOのイニシャライズ（初期設定）は割り込みの必要に応じて以下の方法で行う。

❶　割り込みベクトル

ビットD_0がゼロのときは割り込みベクトルと認識される。Z80モード2割り込みを実行する場合に必要である。

❷　モード

ビットD_7とD_6の組み合わせによってモード0（出力モード），モード1（入力モード），モード2（双方向モード），モード3（ビットコントロールモード）を切り替える。

❸　割り込みコントロール

PIOからの割り込み要求の可否を決定する。割り込みの発生する条件を，各ビット同士のANDまたはOR条件によって決定することができる。モード3（ビットコントロールモード）に指定した場合は，各ビットごとに割り込

①イニシャライズ
リセット時のインタフェースLSIの状態は不定である。これを実使用状態にセットする操作をイニシャライズという。CPUからインタフェースLSIにデータバスを通してコマンドを送ることにより，イニシャライズを行う。

第3章　ワンチップマイコンTMPZ84C015

```
            ┌─────────────┐
            │ PIOイニシャル │
            └──────┬──────┘
                   ▼
         ❶ 割り込みベクトルロード
                   │
                   ▼
         ❷ モード設定
                   │
                   ▼
      ┌──── Yes ──< 出力モードか？ >
      │                │No
      │                ▼
      │      ┌── Yes ──< 入力モードか？ >
      │      │         │No
      │      │         ▼
      │      │ ┌─ Yes ─< 双方向モードか？ >
      │      │ │       │No
      │      │ │       ▼
      │      │ │  ビットごとの入出力設定
      │      │ │       │
      ▼      ▼ ▼       ▼
   ❹ 割り込み制御語設定    ❸ 割り込み制御語
                             │
                             ▼
                        < D4が1か？ >── Yes ──▶ マスク①をロード
                             │No                    │
                             ◀─────────────────────┘
                             ▼
                          ┌─────┐
                          │ END │
                          └─────┘
```

①マスク
割り込み禁止（ディセーブル）したいビットを0とする。たとえばビット4と2を割り込みを禁止（ディセーブル），それ以外は許可（イネーブル）にする場合のマスクデータは，11101011B＝EBHとなる。

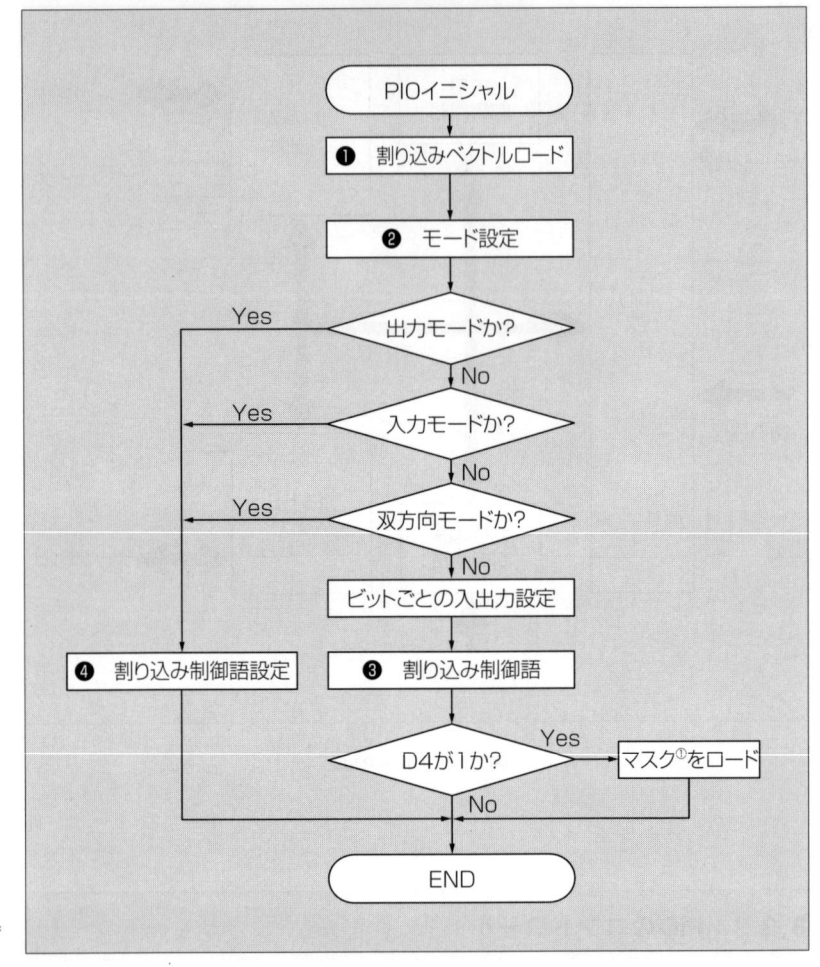

図3.2　PIOのイニシャライズフローチャート

みを行うか否かを指定することができる。

　割り込みコントロール設定を行う場合は，下位ビットD_0からD_3までが常に0111B（07H）となり，モード3（ビットコントロールモード）以外では割り込み発生の有無のみコントロールを行う。

❶ 割り込みベクトルロード

D_7	D_6	D_5	D_4	D_3	D_2	D_1	D_0
V_7	V_6	V_5	V_4	V_3	V_2	V_1	0

❷ モード設定

D_7	D_6	D_5	D_4	D_3	D_2	D_1	D_0
M_1	M_0	*	*	1	1	1	1

$M_1=0$, $M_0=0$→モード0(出力モード)
$M_1=0$, $M_0=1$→モード1(入力モード)
$M_1=1$, $M_0=0$→モード2(双方向モード)
$M_1=1$, $M_0=1$→モード3(ビット制御モード)

モード3(ビット制御モード)を指定した場合、以下によって入出力レジスタをセットする。

D_7	D_6	D_5	D_4	D_3	D_2	D_1	D_0
R_7	R_6	R_5	R_4	R_3	R_2	R_1	R_0

R=1→入力ビット、R=0→出力ビット

❸ 割り込み制御語

D_7	D_6	D_5	D_4	D_3	D_2	D_1	D_0
I_7	I_6	I_5	I_4	0	1	1	1

I_7=割り込み許可(イネーブル)
以下、モード3(ビット制御モード)を指定した場合のみ
I_6=AND/OR(マスクされないビット:AND=1, OR=0)
I_5=High/Low(マスクされないビット:High=1, Low=0)
I_4=マスク指定
マスク指定がHレベルであれば、次に書き込むデータはマスクとなる。

D_7	D_6	D_5	D_4	D_3	D_2	D_1	D_0
M_7	M_6	M_5	M_4	M_3	M_2	M_1	M_0

M=0→モニタ, M=1→モニタしない

❹ 割り込み制御語
割り込み制御語を変更せずに、ポートの割り込み許可F/Fをセット/リセットする。

D_7	D_6	D_5	D_4	D_3	D_2	D_1	D_0
I_7	*	*	*	0	0	1	1

$I_7=1$→割り込み許可(イネーブル)
$I_7=0$→割り込み禁止(ディセーブル)

図 3.3 PIOのコントロールワード

3.3 CTC

3.3.1 CTCの構成

図3.4にCTCの構成を示す。

- **チャネル**:TMPZ84C015には図のようにCTCが4チャネル(チャネル0〜チャネル3)内蔵されている。
- **データバス**:CPUのデータバスに接続されており、各チャネルへのコマンド書き込み、カウンタ/タイマの時間定数の書き込み、各チャネルの値の読み込みを行う。

カウンタ/タイマの役割
カウンタやタイマは割り込み処理の割り込み源として使用されることが多い。たとえばマイクロマウスでは、一定時間ごとにセンサからの情報を得て軌道修正を行ったり、モータの回転数をコントロールしたりするために使用する。

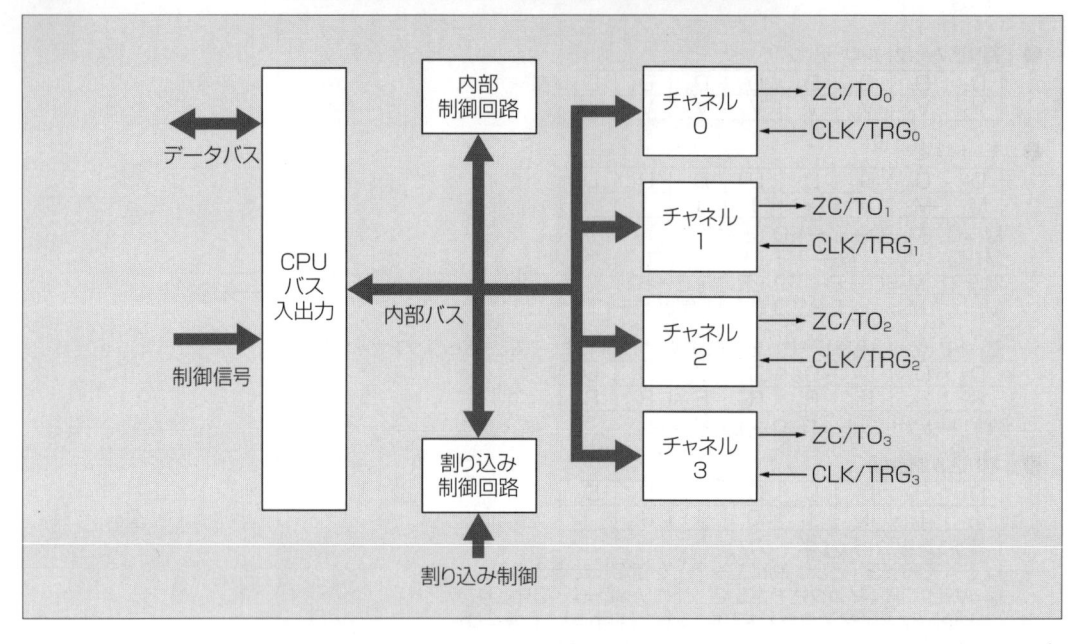

図3.4 CTCの構成

- **入力端子（CLK/TRG）**：CRK/TRGは外部からのクロックやパルスなどをカウントするための入力端子である。
- **出力端子（ZC/TO）**：ダウンカウントした結果，カウントレジスタがゼロになったとき，この端子にアクティブ"H"のパルスが出力される。

チャネル3に入力端子（CLK/TRG3）が追加されているところが，オリジナルのZ80CTCと異なっている。

3.3.2 CTCのモード

図3.5にCTCのモードを示す。CTCにはカウンタモードとタイマモードの2つが用意されているので，いずれかを選択して使用する。

1 カウンタモード

カウンタモードは，CLK/TRG端子に入力された外部クロックのエッジ[①]の数をカウントするモードである。動作は以下のようになる。

① ダウンカウンタ[②]にあらかじめ時間定数（8ビット：0〜255）をセットしておく。
② 外部クロックの入力後，次のシステムクロックの立ち上がりでダウンカウンタをデクリメント（−1）する。
③ ダウンカウンタがゼロになると，ゼロカウント（ZC/TO）出力端子

[①]エッジ
矩形波が変化する時間的な位置。"L"から"H"に変化するところは立ち上がりエッジ，逆に"H"から"L"に変化するところは立ち下がりエッジである。

[②]ダウンカウンタ
あらかじめ時間定数を記憶しておき，クロックが入力されるたびにマイナス1とするカウンタ回路。CTCではダウンカウンタの内容がゼロになると，ゼロカウント（ZC/TO）出力端子から"H"が出力される。

3.3 CTC

```
┌─────────────────────────────────────────────────────┐
│                                                     │
│    チャネル制御      時間定数                       │
│    レジスタ         レジスタ                        │
│    (8ビット)        (8ビット)                       │
│                                                     │
│  CPU  ↑  内部バス  ↑       ↓時間定数ロード         │
│                                                     │
│  外部クロック  →  ダウンカウンタ  → ZC/TO          │
│  CLK/TRG          (8ビット)                         │
│                                                     │
│                カウンタモード                       │
│                                                     │
│    チャネル制御      時間定数                       │
│    レジスタ         レジスタ                        │
│    (8ビット)        (8ビット)                       │
│                                                     │
│  CPU  ↑  内部バス  ↑       ↓時間定数ロード         │
│                                                     │
│ システムクロック → プリスケーラ → ダウンカウンタ → ZC/TO │
│                   (8ビット)     (8ビット)           │
│                                    ↑                │
│                              外部クロック           │
│                              CLK/TRG                │
│                                                     │
│                 タイマモード                        │
└─────────────────────────────────────────────────────┘
```

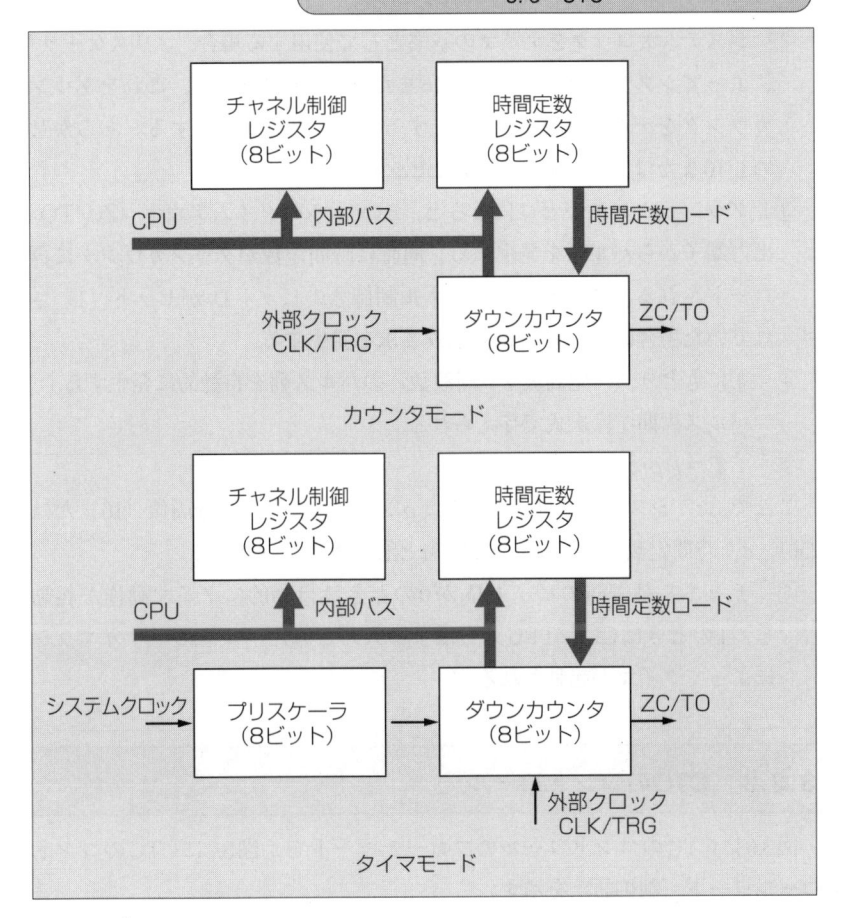

図 3.5 CTCのモード

から，アクティブ "H" のパルスが出力される。

④ 時間定数カウンタから時間定数が再度，自動的にロードされ②に戻ってカウント動作が継続される。このとき，チャネル制御語のビットD_7がセット（1）されていた場合は，CTCは割り込み要求を発生する。

2 タイマモード

タイマモードは，システムクロックまたは外部クロックをカウントすることによって一定時間ごとにゼロカウント（ZC/TO）出力端子からパルスを出力するモードである。また，タイマ割り込みの要求を発生する機能がある。

システムクロックをタイマの基準として使用する場合の動作は以下のようになる。

① ダウンカウンタにあらかじめ時間定数（8ビット：0〜255）をセットしておく。

③プリスケーラ
タイマ割り込み（タイマを利用して，一定時間ごとに割り込み処理を行う方法）に使用するタイマは，通常ms（ミリ秒）のオーダである。CPUのシステムクロックを分周してこの時間を作る場合，μs（マイクロ秒）オーダのシステムクロックを8ビットのダウンカウンタで分周することができない。そこであらかじめ，システムクロックを1/16または1/256に分周しておき，その出力をダウンカウンタに送ることになる。このように，高い周波数のクロックをあらかじめ分周しておく機能を持った回路をプリスケーラという。

② システムクロックをタイマの基準として使用する場合，プリスケーラ③によってシステムクロックを1/16または1/256に分周し，これをダウンカウンタをデクリメント（-1）するためのクロックとする。あらかじめ1/16または1/256のいずれかにセットしておく。

③ ダウンカウンタがゼロになると，チャネルのタイムアウト（ZC/TO）出力端子からパルスを発生する。同時に時間定数がダウンカウンタに再ロードされる。このとき，チャネル制御語のビットD_7がセット（1）されていた場合は，CTCは割り込み要求を発生する。

④ ③にもどり，一定周波T（周波数）のパルス列を自動的に発生する。
　　パルス周期Tは次式で与えられる。
　　　　$T = t \cdot p \cdot c$

ここで，t：システムクロック周期，p：プリスケーラの分周値（16または256），c：時間定数（0～255）（0は256としてカウントされる）

⑤ チャネル制御語のビットD_3が0のときは自動的にタイマ動作が起動し，1のときはCLK/TRG入力端子に入力されたパルスのトリガエッジによってタイマが起動される。

3.3.3　CTCのコントロール

図3.6にCTCのコントロールのフローチャートを，図3.7にCTCのコントロールワード（制御語）を示す。

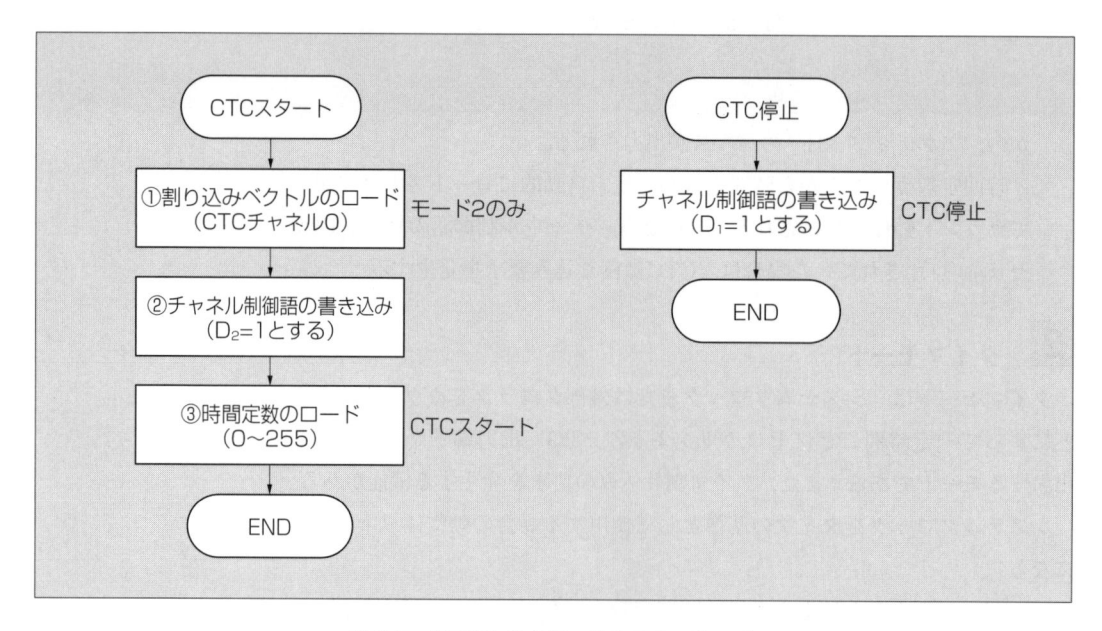

図3.6　CTCのコントロールのフローチャート

3.3 CTC

❶ 割り込みベクトルのロード（D_0=0で割り込みベクトルのロード。CTCチャネル0にロードする）
モード2割り込みの場合のみ設定が必要

D_7	D_6	D_5	D_4	D_3	D_2	D_1	D_0
V_7	V_6	V_5	V_4	V_3	*	*	0

D_2，D_1はCTC優先順位で，以下のように自動的に割り当てられる
D_2=0，D_1=0→CTCチャネル0（優先順位最上位）
D_2=0，D_1=1→CTCチャネル1
D_2=1，D_1=0→CTCチャネル2
D_2=1，D_1=1→CTCチャネル3（優先順位最下位）

❷ チャネル制御語の書き込み（D_0=1でチャネル制御語の書き込み。D_2=1とすると，次は時間定数ロードとなる）

	D_7	D_6	D_5	D_4	D_3	D_2	D_1	D_0
	割り込みイネーブル	モード	プリスケーラ値	エッジ	トリガ	時間定数ロード	リセット	1
0	割り込み発生できない	タイマモード	0	立ち下がり	システムクロック	次に時間定数を書き込まない	動作を継続する	*
1	割り込みイネーブル	カウンタモード	256	立ち上がり	外部パルス	次に時間定数を書き込む	動作を停止する	*
			タイマモードのみ		タイマモードのみ			

❸ 時間定数のロード（❷のチャネル制御語の書き込みでD_2=1とした場合，時間定数のロードとなる）

D_7	D_6	D_5	D_4	D_3	D_2	D_1	D_0
T_7	T_6	T_5	T_4	T_3	T_2	T_1	T_0

0（00000000B）〜255（11111111B）を書き込む。
0は256と認識される。

図3.7　CTCのコントロールワード

1　CTCの動作開始シーケンス

CTCは，以下の2つの処理を行うと動作を開始する。

❶ チャネル制御語の書き込み

・チャネル制御語のD_2を1とする。
・割り込み処理の割り込み源としてCTCを使用する場合は，チャネル制御語のD_7を1にセットする。この場合，カウントレジスタがゼロになったとき，割り込み要求が発生する。
・（Z80CPUのモード2割り込みを行う場合は，チャネル制御語を書き込み前に割り込みベクトルをチャネル0にロードすることが必要である。）

❷ 時間定数の時間定数レジスタへのロード

・❶でチャネル制御語のD_2を1としたことによって，時間定数のロードと認識される。

❸ CTC動作開始

2 CTCの動作停止シーケンス

　CTCはチャネル制御語のD_1を1にセットすると，該当するチャネルの動作を停止する。

4 AKI-80と周辺回路のインタフェース

　ロボトレーサを安価に製作することを目標として，本書ではワンボードマイコンとして秋月電子通商のAKI−80を使用した製作例を紹介する．なお，本書では紙面の都合により，ワンチップマイコンTMPZ84C015に内蔵されたインタフェースの詳細およびワンボードマイコンAKI−80の詳細説明を省略する．同シリーズ『高速マイクロマウスの作り方』に取り上げたので，参照していただきたい．

4.1　AKI-80の回路

　AKI−80は最も安価で高性能なワンボードマイコンとして有名である．RAM容量に応じて"ゴールド：8KB版"と"シルバー：32KB版"が発売されている．また，同シリーズのワンボードマイコンにはIOポートなどを拡張したスーパーAKI−80[1]も用意されている．

　ロボトレーサのRAMは，経験的に8KB程度あれば十分なので8KB版（シルバーキット）を使用してもよい．

　図4.1に秋月電子通商AKI−80の全回路図を，図4.2にコネクタマップを，図4.3にメモリマップを示す．

[1] スーパーAKI-80
廉価版のAKI−80は，最小限のインタフェースを内蔵している．センサやモータなどの入出力を多く必要とする場合は，スーパーAKI−80を使用するとよい．これは，AKI−80の機能にPIOを増設し，RS−232Cレベルコンバータを付加したワンボードマイコンである．スーパーAKI−80はサイズが大きいので注意が必要である．

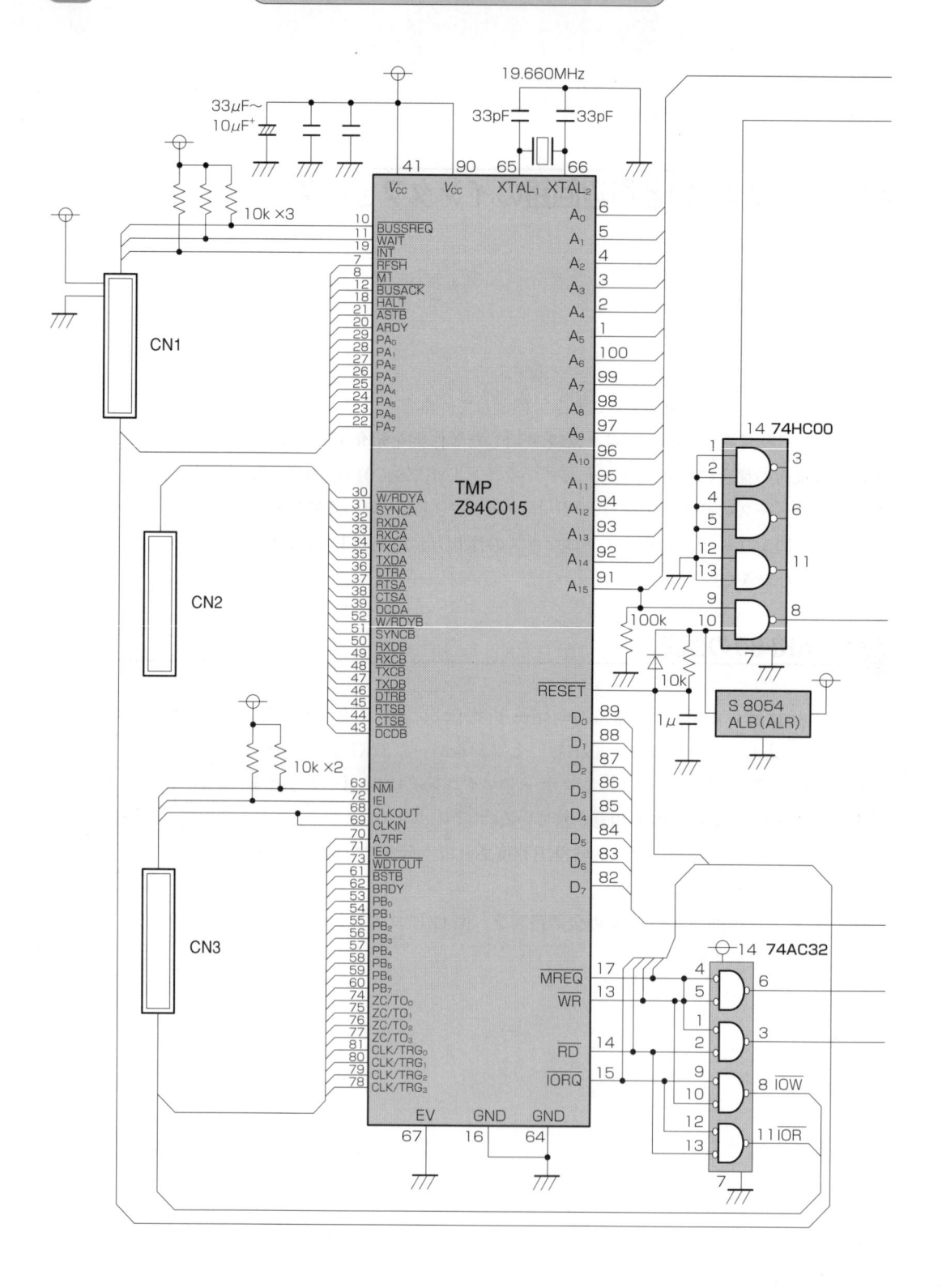

第4章 AKI-80と周辺回路のインタフェース

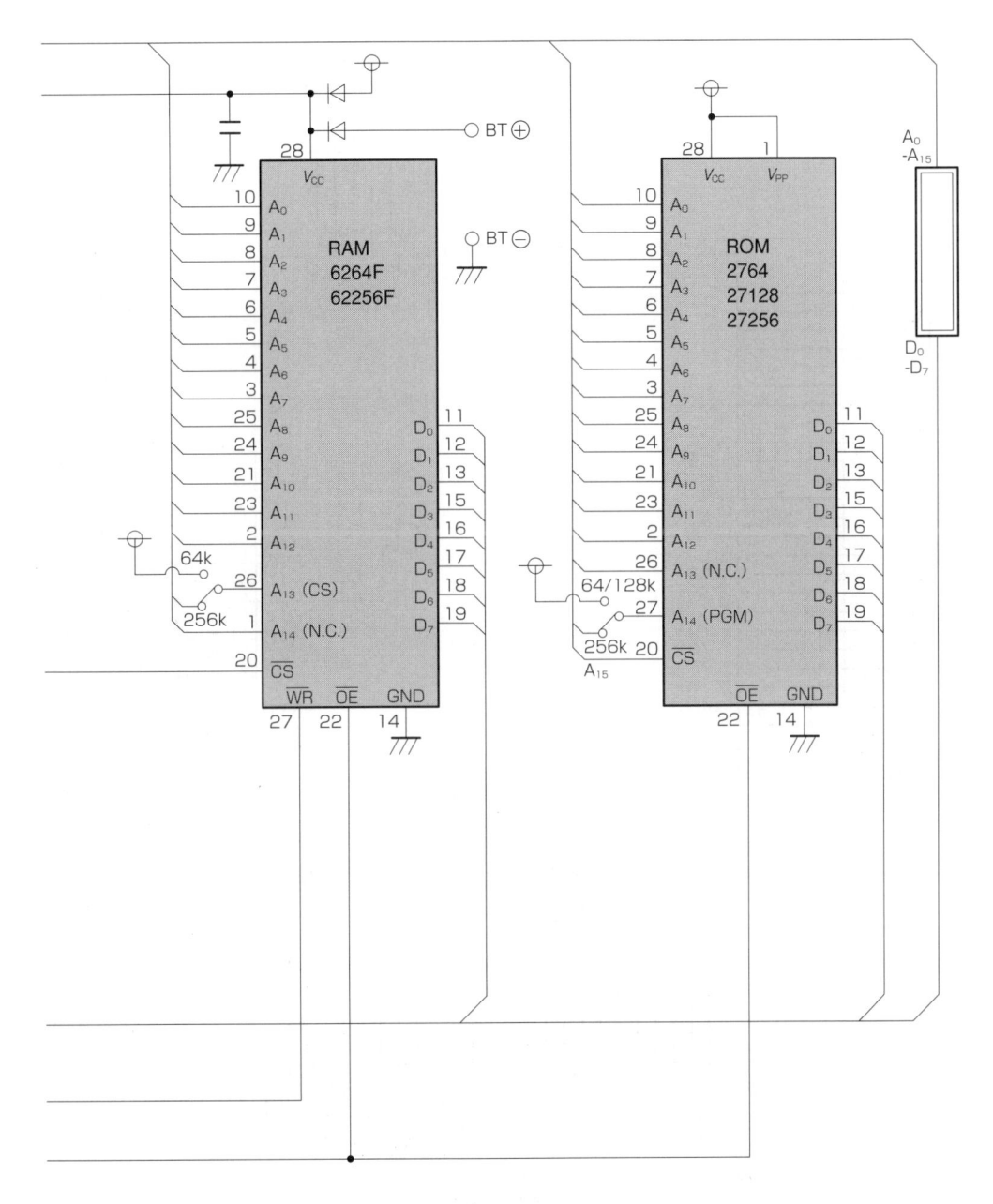

4.1 AKI-80の回路

表記なき ⏚ は1μF積層セラミックです。
⊕ は5V電源ラインです。
⏚ はGND(0V)です。

図 4.1　AKI-80の回路

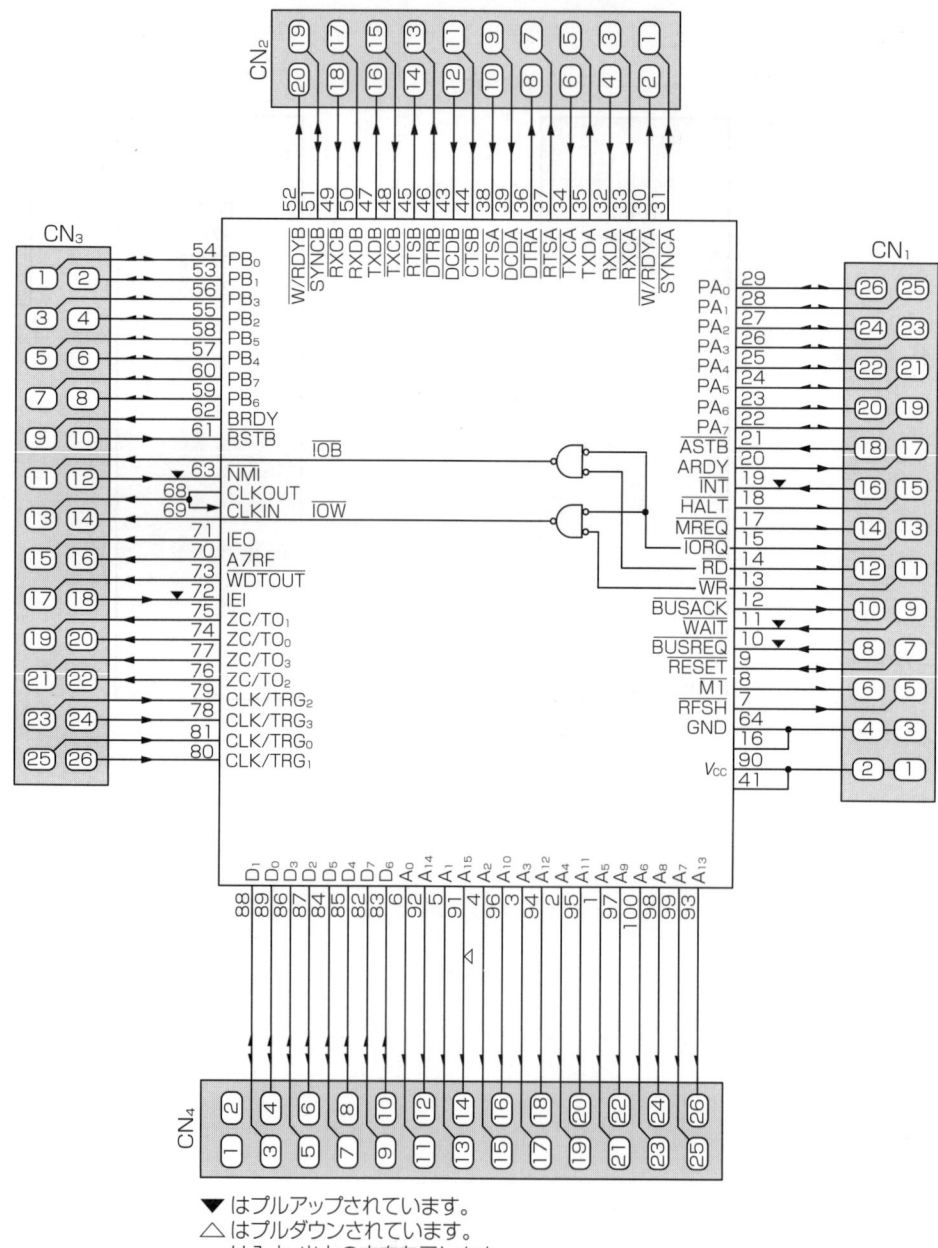

第4章　AKI-80と周辺回路のインタフェース

▼ はプルアップされています。
△ はプルダウンされています。
→ は入力・出力の方向を示します。
⇌ は入力・出力の方向かつ3ステート端子です。
↔ は出力端子を示します。
← は入力端子かつ3ステート端子です。

図4.2　AKI-80コネクタマップ

4.1 AKI-80の回路

I/Oマップ

内部I/O	チャンネル	I/Oアドレス
CTC（カウンタタイマ）	ch 0	＃10
	ch 1	＃11
	ch 2	＃12
	ch 3	＃13
SIO（シリアルI/O）	ch A送信/受信バッファ	＃18
	ch Aコマンド/ステータスレジスタ	＃19
	ch B送信/受信バッファ	＃1A
	ch Bコマンド/ステータスレジスタ	＃1B
PIO（パラレルI/O）	Aポートデータ	＃1C
	Aポートコマンド	＃1D
	Bポートデータ	＃1E
	Bポートコマンド	＃1F
ウォッチドッグタイマ/スタンバイ モード設定レジスタ	WDTER, WDTPR, HALTMR	＃F_0
ウォッチドッグタイマーコマンドレジスタ	クリアコマンド　　　　($4E_H$) ディセーブルコマンド　($B1_H$)	＃F_1
ディジーチェーン割込み優先順位設定レジスタ	bit2〜bit0のみ使用	＃F_4

内部I/O端子一覧表

PIOA	PIOB	SIOA	SIOB	CTC
$\overline{ASTB}$	$\overline{BSTB}$	W/RDYA	W/RDYB	ZC/TO_0
ARDY	BRDY	SYNCA	SYNCB	ZC/TO_1
PA_0	BA_0	RXDA	RXDB	ZC/TO_2
PA_1	BA_1	$\overline{RXCA}$	$\overline{RXCB}$	ZC/TO_3
PA_2	BA_2	$\overline{TXCA}$	$\overline{TXCB}$	CLK/TRG_0
PA_3	BA_3	TXDA	TXDB	CLK/TRG_1
PA_4	BA_4	$\overline{DTRA}$	$\overline{DTRB}$	CLK/TRG_2
PA_5	BA_5	$\overline{RTSA}$	$\overline{RTSB}$	CLK/TRG_3
PA_6	BA_6	$\overline{CTSA}$	$\overline{CTSB}$	
PA_7	BA_7	$\overline{DCDA}$	$\overline{DCDB}$	

メモリマップ

アドレス		
0000H	64K ROM (0000H〜1FFFH)	256K ROM (0000H〜7FFFH)
2000H	イメージ	
4000H		
6000H		
8000H	64K RAM (8000H〜9FFFH)	256K RAM (8000H〜0FFFFH)
0A000H	イメージ	
0C000H		
0E000H		
0FFFFH		

★メモリの割付はメモリ容量セレクトによりマップ右か左に割付られます。ただし，必ずROMは0000Hから，RAMは8000Hからの割付です。

図4.3　AKI-80関連資料

　AKI-80はカードサイズのボードにワンチップマイコン"東芝TMPZ84C015"をはじめ，ROM，RAM，アドレスデコーダなどを組み込んだワンボードコンピュータである。
　基板上のパーツを見ると，LSIは①フラットパッケージのワンチップマイコンTMPZ84C015，②ROM（27256，27128，2764のいずれかを選択可）用

ソケット，③ROM ソケット下部のフラットパッケージのRAM（62256F，6264Fのいずれかを選択可），ICは①アドレスデコーダ用の74AC32，②メモリバックアップ用の74HC00だけである。

　一見すると，本当にこれだけでロボトレーサが製作できるのか疑わしくなるほどパーツが少ない。パーツが少ない理由はワンチップマイコンTMPZ84C015にZ80CPU周辺LSI数個に相当する回路とそれらのコントロール回路，デコーダなどが組み込まれているからであり，これらのLSIを増設しなくても，このワンチップマイコンだけでロボトレーサの基本的なシステムを構成することが可能である。

　AKI-80の全回路図において水晶発振器19.6608MHzはシリアルインタフェースの通信速度をセットするための周波数の整数倍となっている。

　S8054はリセット用で，74HC00と組み合わせてメモリバックアップ機能をもたせている。74HC00の電源は外部のメモリバックアップ用電源端子に接続され，電源OFF時はRAMのチップセレクト端子をアクティブにして，メモリバックアップを行う。このため，メモリバックアップを行う場合はBT+とBT-端子間にリチウム電池を接続する。本書ではオブジェクトプログラムをROM化して実行するので，RAMのバックアップは不要である。

　アドレスデコーダは74AC32のみで構成され，ROMはアドレスの下位（0000H～7FFFH），RAMは上位（8000H～FFFFH）に割り付けられている。ROMにはロボトレーサのシステムプログラムやモニタプログラムなどの，固定したプログラムを書き込むが，小容量ですむ場合を考慮し，ジャンパ線によって切り替えられるようになっている。

　　　ジャンパ　64／128k　：2764（8KB），27128（16KB）
　　　ジャンパ　256k　　　：27256（32KB）

　RAMも同様にジャンパ線によって容量を切り替えて使用する。

　　　ジャンパ　64k　：6264F（8KB）シルバーキット
　　　ジャンパ　256k　：62256F（32KB）ゴールドキット

　アドレスデコーダ74AC32の出力には＊IOW（書き込み），＊IOR（読み出し）が出ているのでインタフェースLSIを増設する場合に使用する。

　AKI-80のコネクタには内蔵インタフェースの信号のすべてが割り当てられているのでセンサやモータのコントロール回路に接続しやすく，また，CPUバスすべてが割り当てられているので，インタフェースLSIの増設も容易である。PIOのIOポートはプルアップされていないので注意が必要である。

4.2　AKI-80のメモリ構成

　AKI-80のメモリマップに示すようにプログラム用のROM（32KB）とデータ用のRAM（32KB）を実装した場合，アドレス空間のすべてを占める。

　これ以外の容量のROMまたはRAMを使用する場合，空いたアドレス空間にはイメージが生ずる。

　TMPZ84はZ80CPUをコアとしており，I/OマップドI/O[①]であるから，64KBすべてを使用することができる。

[①] I/OマップドI/O
I/Oデバイスのためのアドレス空間をもたないシステムの場合は，プログラムおよびデータメモリと同じアドレス空間にI/Oデバイスを割り当てる。これをメモリマップドI/Oという。これに対し，I/OマップドI/OはI/Oのアドレス空間にI/Oデバイスを割り当てる方法である。Z80CPUは後者の方法をとっており，8ビットのI/Oアドレス空間をもっている。

4.3　AKI-80と周辺回路の接続例

4.3.1　センサ回路のインタフェース

　図4.4はAKI-80とロボトレーサのラインセンサ制御回路の接続例である。CTCをインターバルタイマとして割り込みをかけ，ソフトウェアでPIOから直接，赤外線発光ダイオード（日本電気 SE303A）をパルス駆動している。発光ダイオードを駆動するためのトランジスタ（ローム DTC114）は，バイアス抵抗を内蔵したもので，PIOに直結することができる。受光器としてフォト

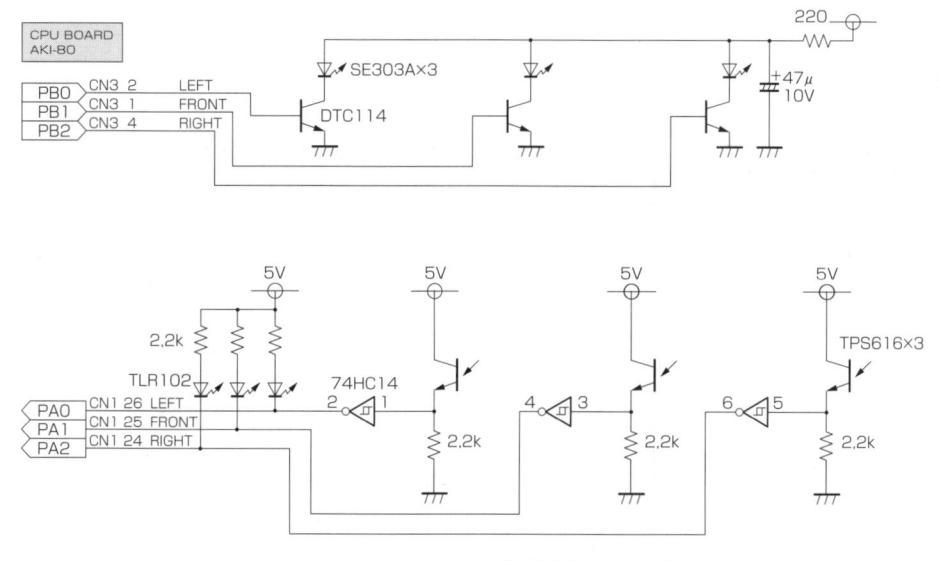

図4.4　AKI-80とセンサ制御回路の接続例

第4章　AKI-80と周辺回路のインタフェース

トランジスタ（東芝 TPS616）を用いている。受光信号をエミッタフォロワで受けてインピーダンスを変換してから，外乱を除去するためにシュミットトリガ入力の74HC14を通してディジタル信号に変換し，PIOに入力している。発光ダイオードTLR102（赤色）はセンサ入力の有無を確認するためのモニタ用である。

4.3.2　ステッピングモータ回路のインタフェース

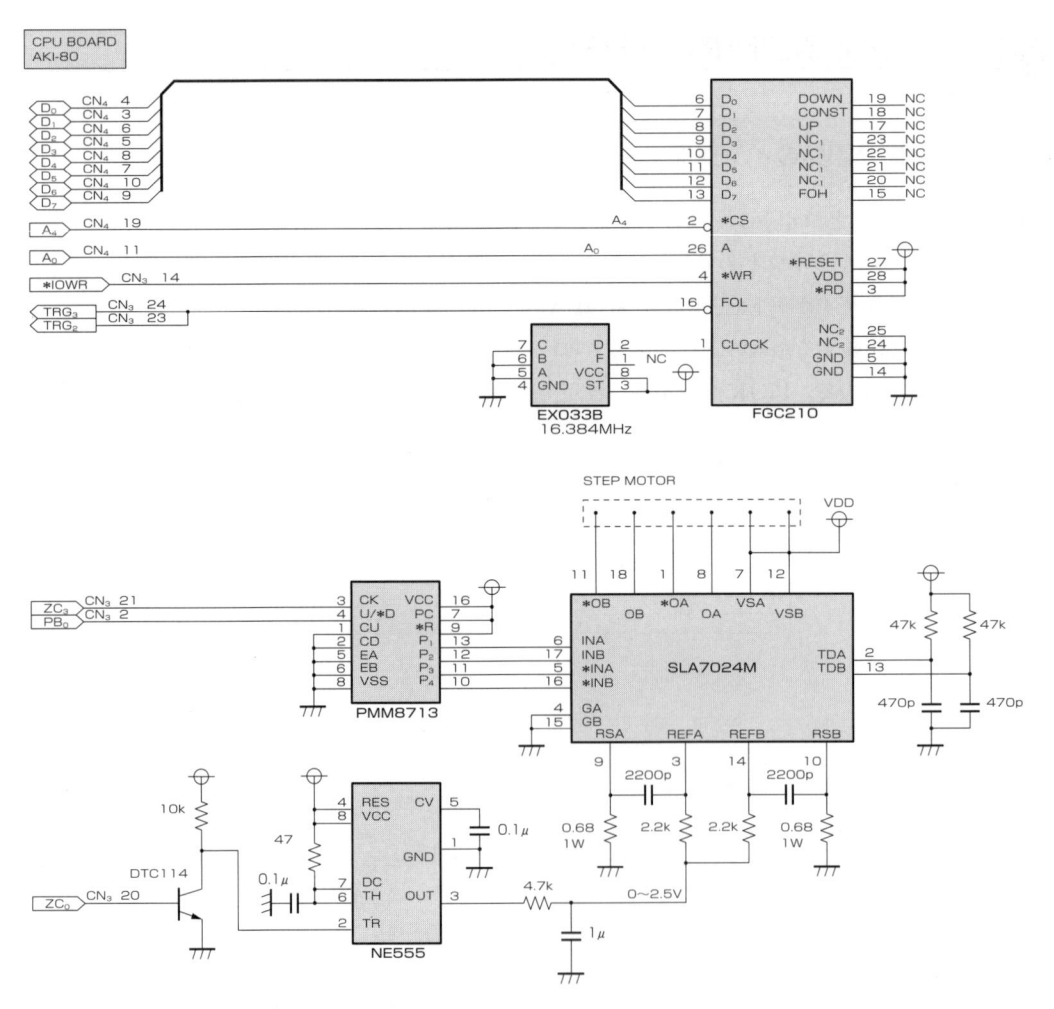

図4.5はAKI－80とステッピングモータ制御回路の接続例（ステッピングモータ1台分）である。ステッピングモータの加速減速パルスを発生するためのプログラマブル周波数発生LSI（コスモシステム FGC210）とステッピングモータコントロールIC（サンケン SLA7024M）を組み合わせることによ

図4.5　AKI-80とステッピングモータ制御回路の接続例

4.3 AKI-80と周辺回路の接続例

り，モータの高速回転域まで回転すると同時に，消費電力を少なくすることが可能となる。図において，AKI－80とFGC210のインタフェースは，アドレスデコーダを簡略化してFGC210のチップセレクト入力（＊CS：2番ピン）にCPUアドレスバスのA4を直結してある。また，AKI－80の＊IOWRはMAX154BCNGの＊WR端子（4番ピン）に直結した。

ソフトウェアによってFGC210にモータの加速減速パルスを発生するためのパラメータを書き込み，加速減速パルス発生命令を書き込むことによって，FGC210は自動的にパルスを発生する。このパルスを左右のモータの回転数の基準信号としてAKI－80のCTC入力に与える。

図においては右側のモータにCTCチャネル2（ZC2）を，左側のモータにCTCチャネル3（ZC3）を割り付けている（図では右側のモータコントロール回路を省略してある）。ソフトウェアによってCPUからCTCに左右それぞれのモータに割り当てられた時間定数レジスタの値を書き込むことによって，ロボトレーサの姿勢制御やスラローム走行を行う。このようにモータの加速減速動作（FGC）とステアリング機能（CTC）を分けることにより，より滑らかな旋回運動を行うことが可能となる。

ステッピングモータの回転方向はPIOから制御し，その出力をパルス分配IC（山洋電気PMM8713）に加えてステッピングモータのパルスを分配する。

ステッピングモータの主電流をソフトウェアによって制御するため，CTC0出力（ZC0）を使用している。この信号をPWM波に変換し，さらに直流に変換してステッピングモータコントロールIC，SLA7024Mの電流リファレンス入力（REFA，REFB）に接続する。

図4.6（a）〜（h）にプログラマブル周波数発生LSI（コスモシステムFGC210）を示す。このLSIはモータの回転数の加速減速制御だけではなく，プログラマブルカウンタLSIと組み合わせることによって機械の高速位置決めのためのパルスジェネレータとして使用することができる。

■外形寸法図

28ピン・プラスチックDIP

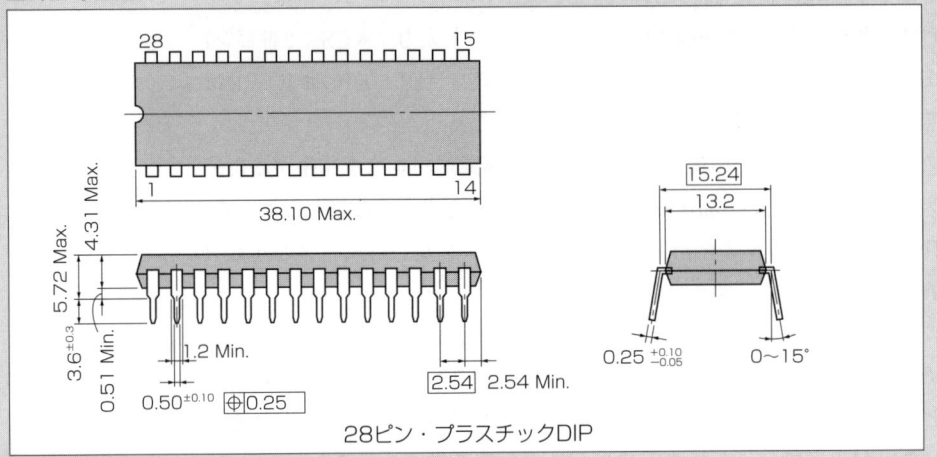

■定格

●絶対最大定格 ($T_a=25℃$)

項　目	略号	定　格	単位
電源電圧	V_{DD}	−0.5〜7.0	V
入力電圧	V_I	−0.5〜V_{DD}+0.5	V
入力電流	I_I	20	mA
出力電流	I_O	20	mA
動作温度	T_{opt}	−40〜+85	℃
保存温度	T_{stg}	−65〜+150	℃

●推奨動作範囲

項　目	略号	Min.	Typ.	Max.	単位
電源電圧	V_{DD}	4.75	5	5.25	V
入力電圧	V_I	0		V_{DD}	V
ロウレベル入力電圧	V_{IL}	0		0.8	V
ハイレベル入力電圧	V_{IH}	2.0		V_{DD}	V
周囲温度	T_a	0		+70	℃
CLK入力周波数	F_{CLK}	1	8.192	9	MHz

●DC特性 ($T_a=0〜+70℃$, $V_{DD}=5V±5\%$)

項　目	略号	条　件	Min.	Typ.	Max.	単位
入力電圧	$-I_I$	$V_I=GND$	25	80	250	μA
ロウレベル出力電流	I_{OL}	$V_{OL}=0.4V$	6	15		mA
ハイレベル出力電流	$-I_{OH}$	$V_{OH}=V_{DD}-0.4V$	6	11		mA
ロウレベル出力電圧	V_{OL}	$I_O=0mA$			0.1	V
ハイレベル出力電圧	V_{OH}	$I_O=0mA$	$V_{DD}-0.1$			V
消費電流	I_{CC}				40	mA

CLK入力周波数

●入力／出力容量特性

項　目	略号	条　件	Min.	Typ.	Max.	単位
入力端子	C_{IN}	$V_{DD}=V_I=0$			10	pF
出力端子	C_{OUT}	$f=1MHz$			15	pF
入出力端子	$C_{I/O}$				20	pF

図4.6(a)　周波数発生LSI（FGC210）

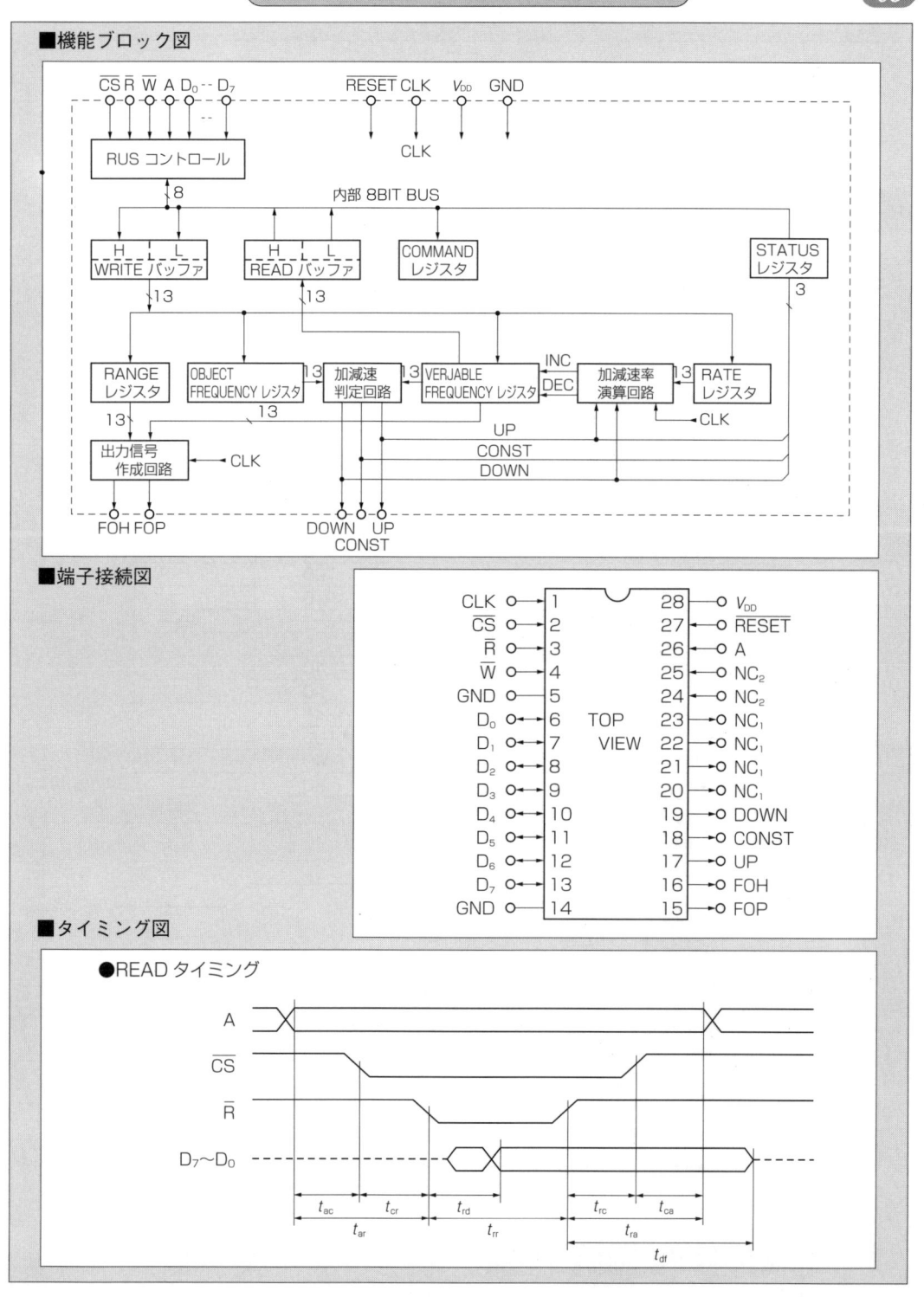

4.3 AKI-80と周辺回路の接続例

■機能ブロック図

■端子接続図

■タイミング図

●READタイミング

図4.6(b) 周波数発生LSI (FGC210)

●WRITE タイミング

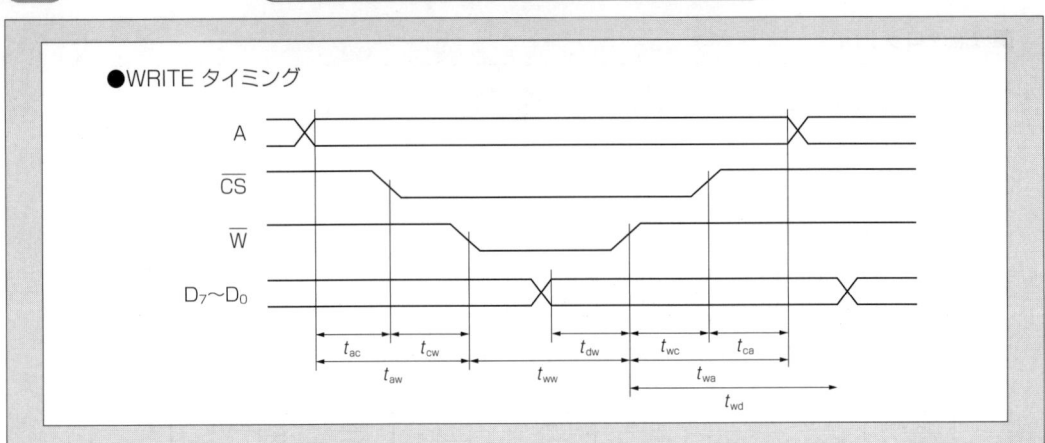

項　　　目	記号	Min.	Max.
アドレス安定時間（対$\overline{CS}$）	t_{ac}	0	
アドレス保持時間（対$\overline{CS}$）	t_{ca}	0	
$\overline{CS}$ 安定時間（対$\overline{R}$）	t_{cr}	0	
$\overline{R}$→データ遅延時間	t_{rd}		70
$\overline{CS}$ 保持時間（対$\overline{R}$）	t_{rc}	0	
アドレス安定時間（対$\overline{R}$）	t_{ar}	0	
$\overline{R}$ パルス幅	t_{rr}	100	
アドレス保持時間（対$\overline{R}$）	t_{ra}	0	
$\overline{R}$→データフロート遅延時間	t_{df}		40
$\overline{CS}$ 安定時間（対$\overline{W}$）	t_{cw}	0	
データ設定時間（対$\overline{W}$）	t_{dw}	40	
$\overline{CS}$ 保持時間（対$\overline{W}$）	t_{wc}	0	
アドレス安定時間（対$\overline{W}$）	t_{aw}	40	
$\overline{W}$ パルス幅	t_{ww}	100	
アドレス保持時間（対$\overline{W}$）	t_{wa}	40	
データ保持時間（対$\overline{W}$）	t_{wd}	40	

（単位は ns）

●CLK 入力タイミング

●FOP, FOH 出力タイミング

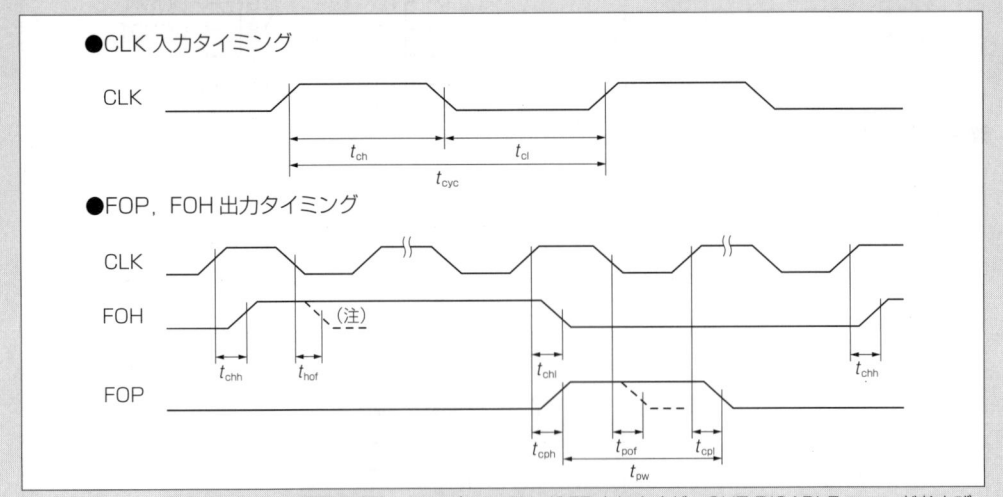

注：FOH, FOP 信号は通常 CLK 信号の立上りエッジにて ON／OFF されますが，OUT DISABLE コマンドおよび RANGE WRITEコマンド実効時に限り，CLK 信号の立上りエッジにて OFFされる場合がある．

図 4.6(c)　周波数発生LSI（FGC210）

4.3 AKI-80と周辺回路の接続例

● UP, CONST, DOWN 出力タイミング

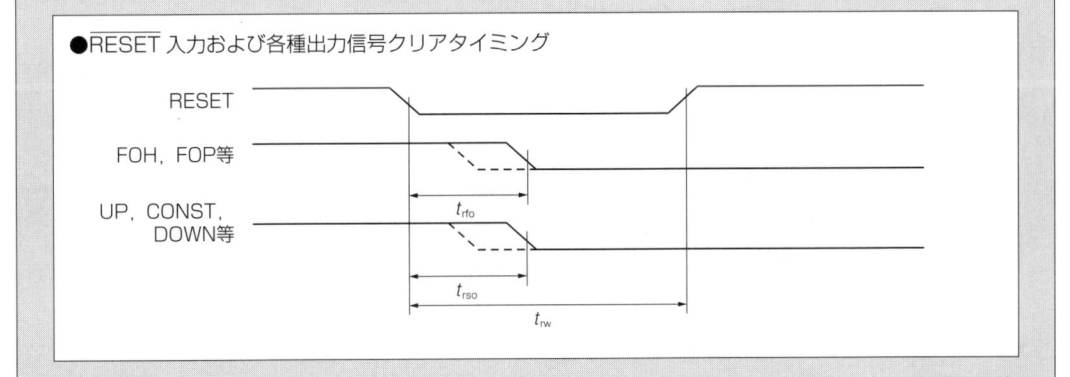

● RESET 入力および各種出力信号クリアタイミング

項　　目	記　号	Min.	Max.
クロック幅（H 期間）	t_{ch}	55	
クロック幅（L 期間）	t_{cl}	55	
クロック周期	t_{cyc}	110	1000
CLK→FOH 立上り遅延時間	t_{chh}	5	35
CLK→FOH 立下り遅延時間	t_{chl}	5	35
CLK→FOP 立上り遅延時間	t_{cph}	5	35
CLK→FOP 立下り遅延時間	t_{cpl}	5	35
FOP パルス幅	t_{pw}	$t_{cyc}-30$	$t_{cyc}+30$
FOH クリア時間	t_{hof}	5	45
FOP クリア時間	t_{pof}	5	45
CLK→ステータス信号立上り遅延時間	t_{csh}	5	45
CLK→ステータス信号立下り遅延時間	t_{csl}	5	45
RESET→FOH, FOP クリア時間	t_{rfo}		200
RESET→ステータス信号クリア時間	t_{rso}		200
RESET 幅	t_{rw}	500	

（単位は ns）

図 4.6（d）　周波数発生LSI（FGC210）

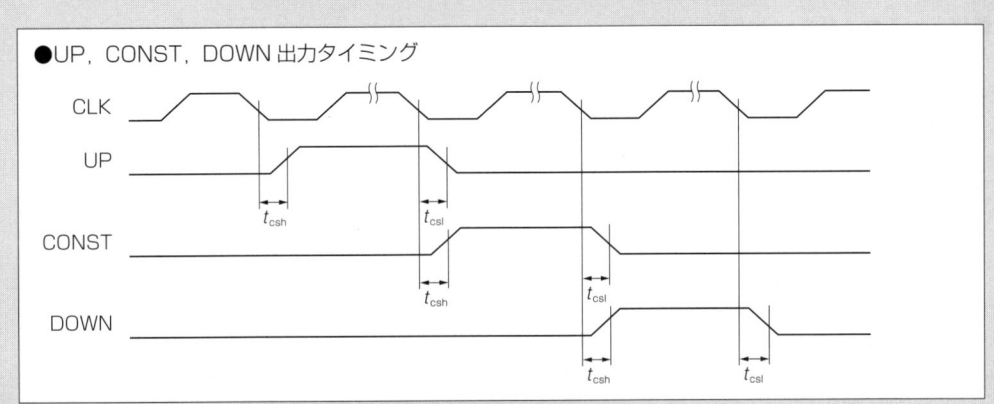

■アドレスおよびポートの説明

(1) アドレス
FGC210のアドレスは下表の通りである。

A	$\overline{CS}$	$\overline{R}$	$\overline{W}$	PORT NAME
0	0	1	0	COMMAND & DATA1 (2^{12}～2^{8}) WRITE
1	0	1	0	DATA2 (2^{7}～2^{0}) WRITE
0	0	0	1	SRATUS & DATA1 (2^{12}～2^{8}) READ
1	0	0	1	DATA2 (2^{7}～2^{0}) READ
—	上 記 以 外			——

(2) COMMAND & DATA1 WRITE PORT
FGC210に対しCOMMANDおよびDATA (2^{12}～2^{8}) を書き込む。COMMANDには下表の7種類が用意されている。

D_7	D_6	D_5	D_4～D_0	PORT NAME
0	0	0	注1	OUT DISABLE
0	0	1	注1	OUT ENABLE
0	1	0	注2	FREQUENCY DIRECT WRITE
0	1	1	注2	FREQUENCY WRITE
1	0	0	注2	RATE WRITE
1	0	1	注2	RANGE WRITE
1	1	0	注1	FREQUENCY READ
1	1	1	注1	NO OPERATION

注1：D_4～D_0は0／1を問わない。
注2：各COMMANDごとのDATA2^{12}～2^{8}を書き込む。BITの対応は下記の通りである。

D_7
D_6 ---(COMMAND)
D_5
D_4 ---- 2^{12}
D_3 ---- 2^{11}
D_2 ---- 2^{10} ---- 書き込みDATA
D_1 ---- 2^{9}
D_0 ---- 2^{8}

(4) STATUS & DATA 1 READ PORT
FGC210より周波数出力状態およびDATA (2^{12}～2^{8}) を読み出す。D_7, D_6, D_5, BITは同名の出力信号と同じタイミングでセットされる。

D_7 ---- UP   (UP)   ---- 加速中
D_6 ---- CONST (CONSTANT) ---- 定速中
D_5 ---- DOWN   (DOWN)   ---- 減速中
D_4 ---- 2^{12}
D_3 ---- 2^{11}
D_2 ---- 2^{10} ---- 読み出しDATA
D_1 ---- 2^{9}
D_0 ---- 2^{8}

(3) DATA2 WRITE PORT
FGC210に対し各種DATA2^{7}～2^{0}を書き込む。BITの対応は下記の通りである。

D_7 ---- 2^{7}
D_6 ---- 2^{6}
D_5 ---- 2^{5}
D_4 ---- 2^{4}
D_3 ---- 2^{3}
D_2 ---- 2^{2}
D_1 ---- 2^{1}
D_0 ---- 2^{0}

(5) DATA2 READ PORT
FGC210よりDATA2^{7}～2^{0}を読み出す。BITの対応は下記の通りである。

D_7 ---- 2^{7}
D_6 ---- 2^{6}
D_5 ---- 2^{5}
D_4 ---- 2^{4}
D_3 ---- 2^{3}
D_2 ---- 2^{2}
D_1 ---- 2^{1}
D_0 ---- 2^{0}

図4.6(e) 周波数発生LSI (FGC210)

4.3 AKI-80と周辺回路の接続例

■コマンド説明

(1) OUT DISABLE コマンド
周波数出力を禁止するコマンドである。加減速状態のとき，周波数レジスタの増減も停止する。
RESET＝0入力時，FGC210はOUT DISABLE状態となる。

(2) OUT ENABLE コマンド
周波数出力を有効にするコマンドある。加減速状態のとき，周波数レジスタの増減も開始される。

(3) FREQUENCY DIRECT WRITE コマンド
周波数レジスタを加減速なしに直接書き替えるコマンドである。OUT DISABLE/ENABLE状態にかかわらず実行可能である。設定範囲は0～8191(000H～1FFFH)です。RESET＝0入力時，周波数レジスタは0(0000H)となる。

(4) FREQUENCY WRITE コマンド
周波数レジスタを加減速を伴いながら変化させるコマンドである。OUT DISABLE/ENABLE状態にかかわらず実行可能であるが，OUT DISABLEにおいて実行された場合，OUT ENABLEとなり次第加減速を開始する。設定範囲は0～8191(0000H～1FFFH)である。

(5) RETE WRITE コマンド
レートレジスタを書き替えるコマンドである。OUT DISABLE/ENABLE状態にかかわらず実行可能である。設定範囲は1～8191(0001H～1FFFH)であり0(0000H)が設定されている場合，加減速動作が行われないので注意が必要である。
RESET＝0入力時，レートレジスタは0(0000H)となる。したがって，リセット後，最低一度は0(0000H)以外の値を書き込まなければならない。

(6) RANGE WRITE コマンド
レンジレジスタを書き替えるコマンドである。OUT DISABLE/ENABLE状態にかかわらず実行可能であるが，OUT ENABLE状態において実行された場合，出力信号にスパイクノイズの発生する場合がある。設定範囲は1～8191(0001H～1FFFH)であり0(0000H)が設定されている場合，出力波形の作成が行われないので注意が必要である。
RESET＝0入力時，レンジレジスタは0(0000H)となる。したがって，リセット後，最低一度は0(0000H)以外の値を書き込まなければならない。

(7) FREQUENCY READ コマンド
周波数レジスタの値を読み出すコマンドある。OUT DISABLE/ENABLE状態にかかわらず実行可能ある。

■コマンド使用例

ここではいくつかの動作例をもとにFGC210のコマンド使用方法を示す。

●動作例1
図1に示すような台形軌道動作を行う。

フローチャート

```
RANGE WRITE COMMAND
      ↓
RATE WRITE COMMAND
      ↓
FREQUENCY DIRECT
WRITE COMMAND
(DATA=F₁)
      ↓
FREQUENCY WRITE
COMMAND
(DATA=F₂)
      ↓
OUT ENABLE COMMAND
      ↓
   ←──┐
   ↓   │
 減速指令 ─N─┘
   │Y
   ↓
FREQUENCY WRITE
COMMAND
(DATA=F₁)
      ↓
   ←──┐
   ↓   │
FREQUENCY READ
COMMAND
      ↓
データ読み込み
      ↓
 周波数=F₁ ─N─┘
   │Y
   ↓
OUT DISABLE COMMAND
```

図1: 台形波形で、F_2 が高い値、F_1 が低い値。「OUT ENABLE FREQUENCY WRITE F_1」開始、「OUT DISABLE」終了。

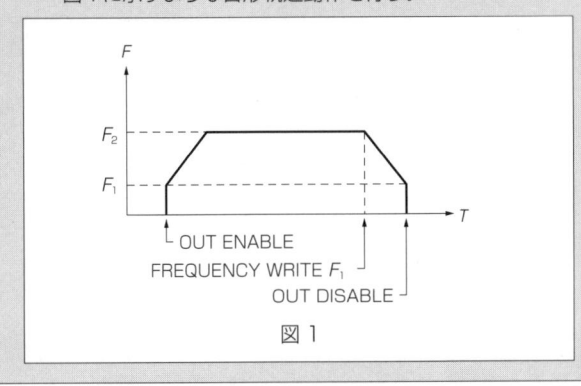

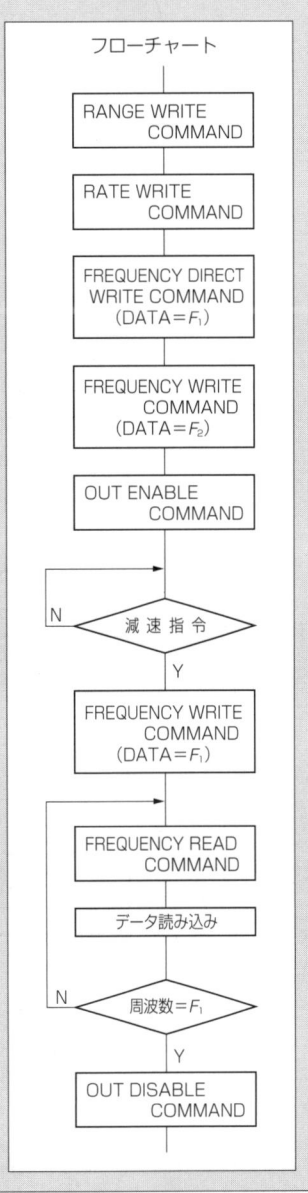

図4.6(f) 周波数発生LSI (FGC210)

●動作例2

図2に示すように,加減速中にレートレジスタを書き替える動作を行う。

図2

グラフ: 縦軸 F, 横軸 T
- F_3, F_2, F_1 のレベル
- R_1, R_2 の区間
- OUT ENABLE
- RATE WRITE R_2
- FREQUENCY WRITE F_1
- RATE WRITE R_1
- OUT DISABLE

フローチャート

- RANGE WRITE COMMAND
- RETE WRITE COMMAND (DATA=R_1)
- FREQUENCY DIRECT WRITE COMMAND (DATA=F_1)
- FREQUENCY WRITE COMMAND (DATA=F_3)
- OUT ENABLE COMMAND
- FREQUENCY READ COMMAND
- データ読み込み
- 周波数 ≧ F_2 ? NO→ループ / YES→①

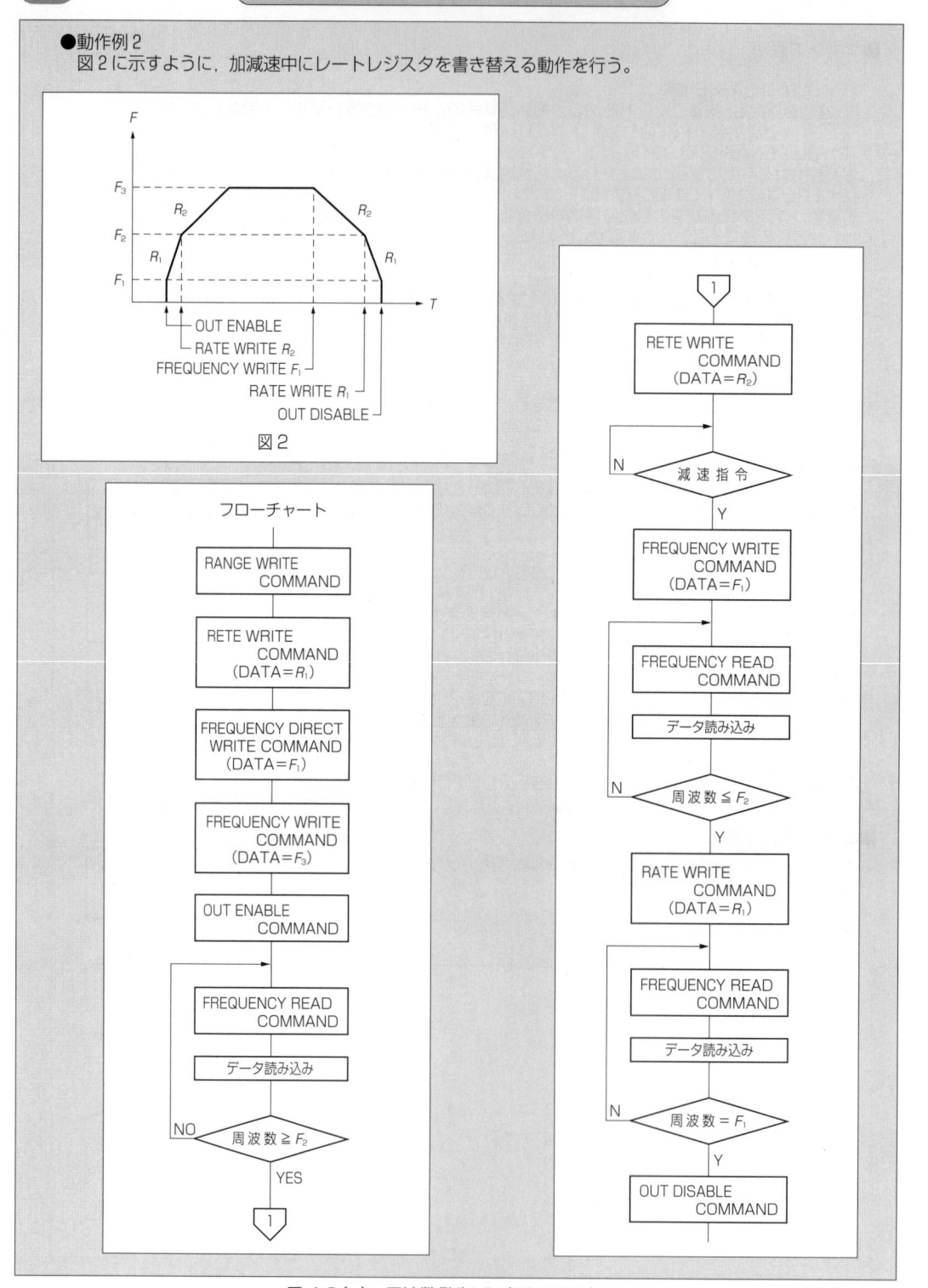

①
- RETE WRITE COMMAND (DATA=R_2)
- 減速指令 ? N→ループ / Y↓
- FREQUENCY WRITE COMMAND (DATA=F_1)
- FREQUENCY READ COMMAND
- データ読み込み
- 周波数 ≦ F_2 ? N→ループ / Y↓
- RATE WRITE COMMAND (DATA=R_1)
- FREQUENCY READ COMMAND
- データ読み込み
- 周波数 = F_1 ? N→ループ / Y↓
- OUT DISABLE COMMAND

図4.6(g) 周波数発生LSI (FGC210)

4.3 AKI-80と周辺回路の接続例

●動作例3
図3に示すように，加速中に周波数出力を一時停止する動作を行う。

F
F_1
1s
OUT DISABLE
OUT ENABLE
T

図3

フローチャート

FREQUENCY READ COMMAND
↓
データ読み込み
↓
周波数 ≧ F_1 — N ↺
↓ Y
OUT DISABLE COMMAND
↓
1秒ディレイ
↓
OUT ENABLE COMMAND

●動作例4
図4に示すように，減速中に再び加速する動作を行う。

F
F_1
FREQUENCY WRITE F_2
($F_2 > F_1$)
T

図4

フローチャート

FREQUENCY READ COMMAND
↓
データ読み込み
↓
周波数 ≦ F_1 — N ↺
↓ Y
FREQUENCY WRITE COMMAND
(DATA = F_2)

●動作例5
図5に示すように，一定時間後に加速を中止し，目的の周波数をダイレクトに出力させる動作を行う。

F
F_2
1s
F_1
OUT ENABLE
FREQUENCY DIRECT WRITE F_2
T

図5

フローチャート

RANGE WRITE COMMAND
↓
RATE WRITE COMMAND
↓
FREQUENCY DIRECT WRITE COMMAND (DATA = F_1)
↓
FREQUENCY WRITE COMMAND (DATA = F_2)
↓
OUT ENABLE COMMAND
↓
1秒ディレイ
↓
FREQUENCY DIRECT WRITE COMMAND (DATA = F_2)

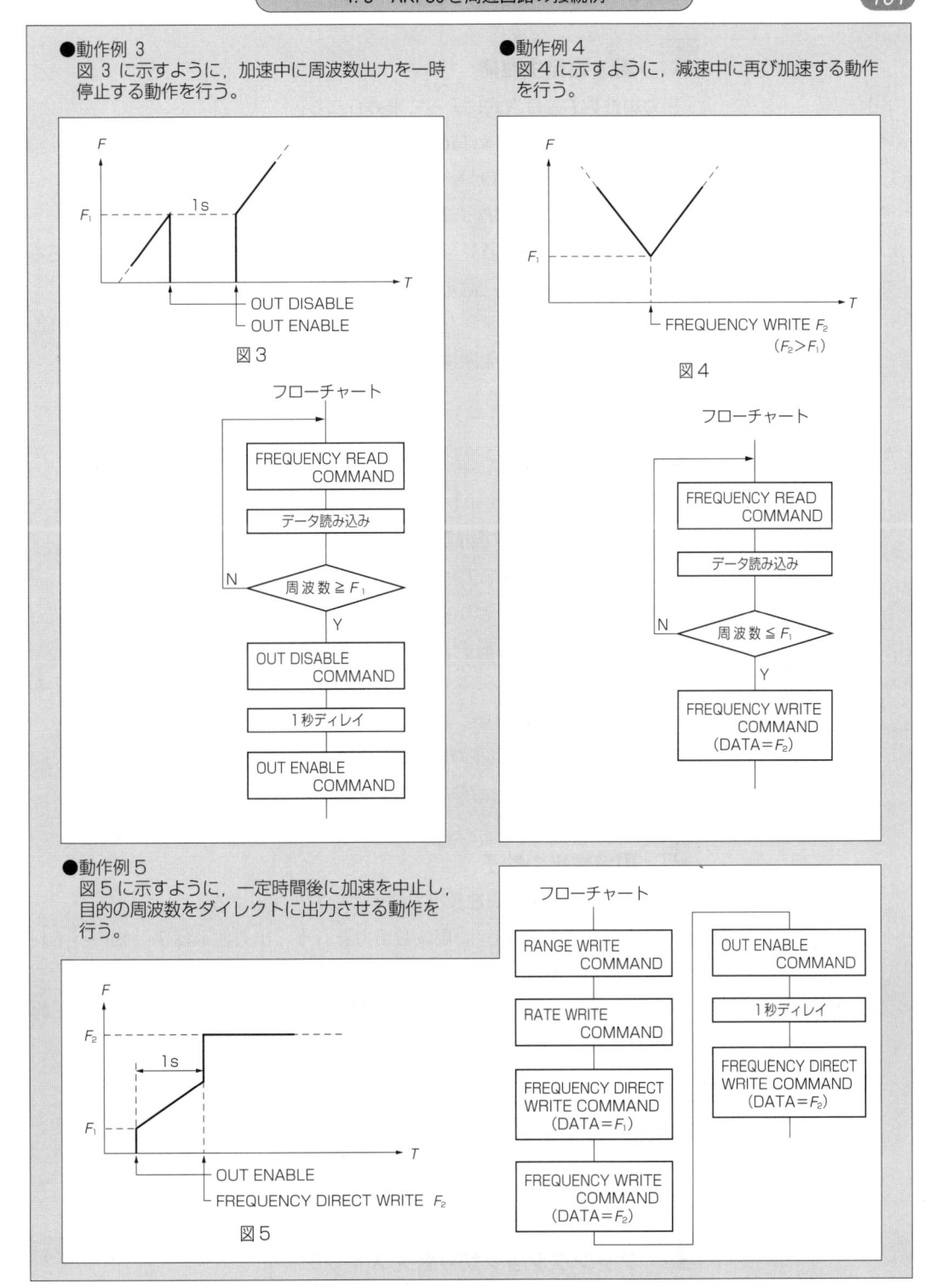

図4.6(h) 周波数発生LSI (FGC210)

1 周波数発生機能

出力周波数 F_{out} は次式によって求められる。

$$F_{out} = \frac{F_{clk} \cdot FRQ}{2 \times 8192 \times RNG}$$

ここで，F_{clk}：CLK端子より入力する周波数
  FRQ：周波数レジスタであり，ソフトウェアにより常時書き込み可能。設定範囲は0～8191（0000H～1FFFH）
  RNG：レンジレジスタであり，ソフトウェアにより書き込み可能。設定範囲は1～8191（0001H～1FFFH）

である。

2 加減速機能

出力周波数の変更はダイレクトに行うことも，加減速を伴い行うこともでき，加減速を伴う場合の加減速時間 T_{up} は次式によって求められる。

$$T_{up} = \frac{2(RAT \times |FRQ_{obj} - FRQ_{now}|)}{F_{clk}}$$

ここで，F_{clk}：CLK端子より入力する周波数
  RAT　：レートレジスタ[①]であり，ソフトウェアにより書き込み可能。設定範囲は1～8191（0001H～1FFFH）
  FRQ_{now}：現在の周波数レジスタの内容
  FRQ_{obj}：目的の周波数レジスタの内容

①レートレジスタ
FGCのレート（現在の周波数から目的の周波数までの変化分の時間に対する割合）をセットするためのレジスタ。レートは加速度に相当する。

3 周波数出力端子

目的によって以下の周波数出力端子の一方を使用する。

・FOP（frequency out）：周波数出力を行う。出力波形は T_{cyc} 幅のハイレベルパルスである。（T_{cyc} = CLK入力周期）
・FOH（frequency out）：周波数出力を行う。出力波形はデューティ約50％である。

4.3.3 コンソール入出力のインタフェース

図4.7にAKI－80とコンソール入出力回路の接続例を示す。

1 ファンクション切り替えスイッチ

4ビットのロータリDIPスイッチを使用し，ロボトレーサの走行パラメータ入力，走行アルゴリズムの切り替え，デバッグなどに使用する。

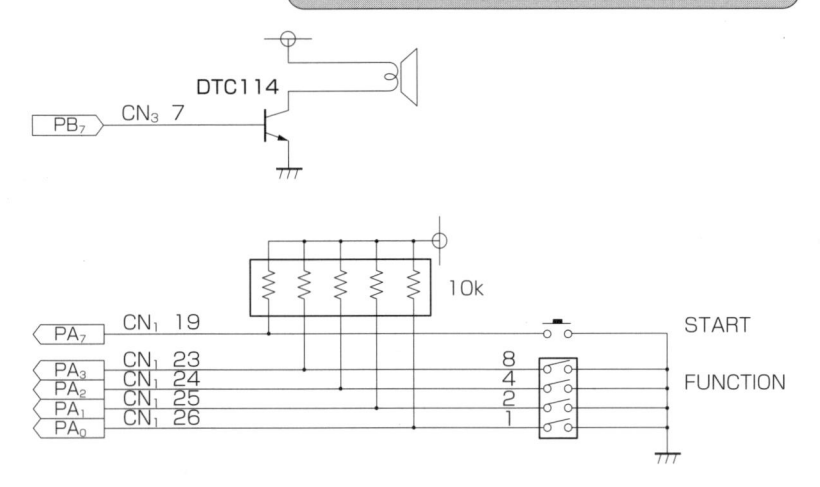

図4.7　AKI-80とコンソール入出力回路の接続例

2　ミニブザー

走行中のロボトレーサの状態をモニタするために，LEDの代わりにミニブザーを使用している。

5 ロボトレーサの製作

5.1 仕　様

　本章ではロボトレーサの製作例を紹介する。製作費と高速性に重点をおき，以下の目標を設定した。

❶　製作費

　高価なモータやセンサを使用せず，安価に仕上げることを目標として設計する。製作費を3万円以内とした（機械加工設備・コンパイラなどの処理系・充電器などを含まない）。

❷　高速走行

　軽量化することによって高速走行を実現させる。

❸　部品点数を最小限にする

　CPUの能力を最大限に引き出すことによって，回路部品点数を最小限とする。

❹　軽量化のためできるだけ締結要素を用いないこと

　締結要素を用いず，接着による構造とする。また，電池交換の作業をなくすため，電池を固定する。

❺　プリント基板を使用せず，手配線によって高密度配線を行う

　表5.1にロボトレーサの仕様を示す。

表5.1 ロボトレーサの仕様

寸法（全長）	164mm
寸法（全高）	62mm
寸法（全幅）	160mm
重量	640gf
高速走行時最高速度	1.8m/sec
タイヤ外径	48mm
トレッド	88mm
シャシ	t1ガラスエポキシ板（ダンパ兼用）
ステアリング	2輪PWS
センサ	赤外線ディジタル反射型，6チャネル
モータ	ステッピングモータ2台　2.4V 1.2A 180g
電源	NiMH（U4）12本　14.4V 680mAh
モータ制御IC	サンケン電気 SLA7024M
FGC	コスモシステム FGC210
CPUボード	秋月電子通商 AKI-80
ROM	32kB
RAM	32kB

5.2　回路と構造

　図5.1にロボトレーサのブロック図を，図5.2(a)～(c)にロボトレーサの全回路を示す。

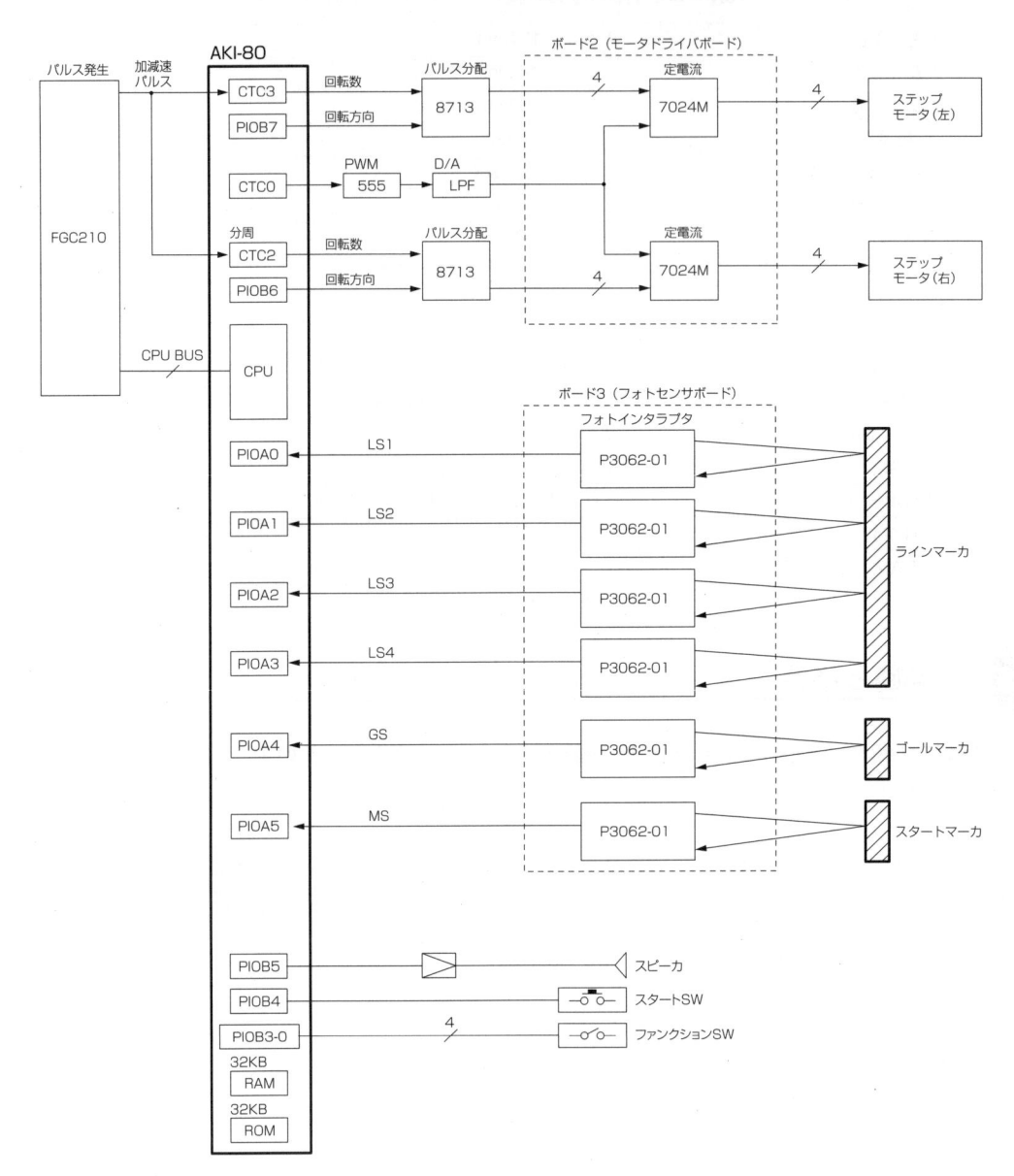

図 5.1　ロボトレーサのブロック図

5.2 回路と構造

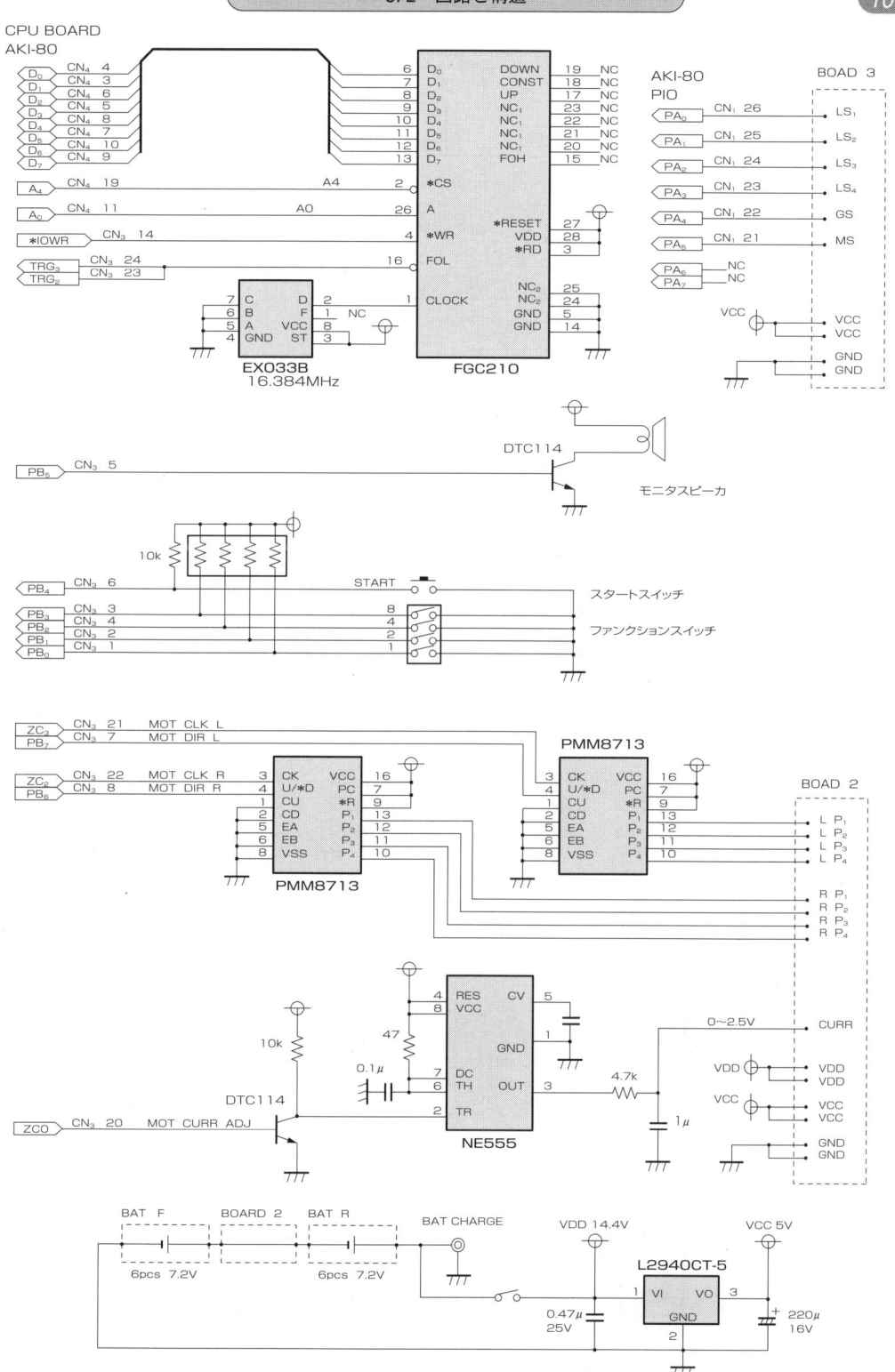

図 5.2(a)　ボード1（マザーボード）

第5章 ロボトレーサの製作

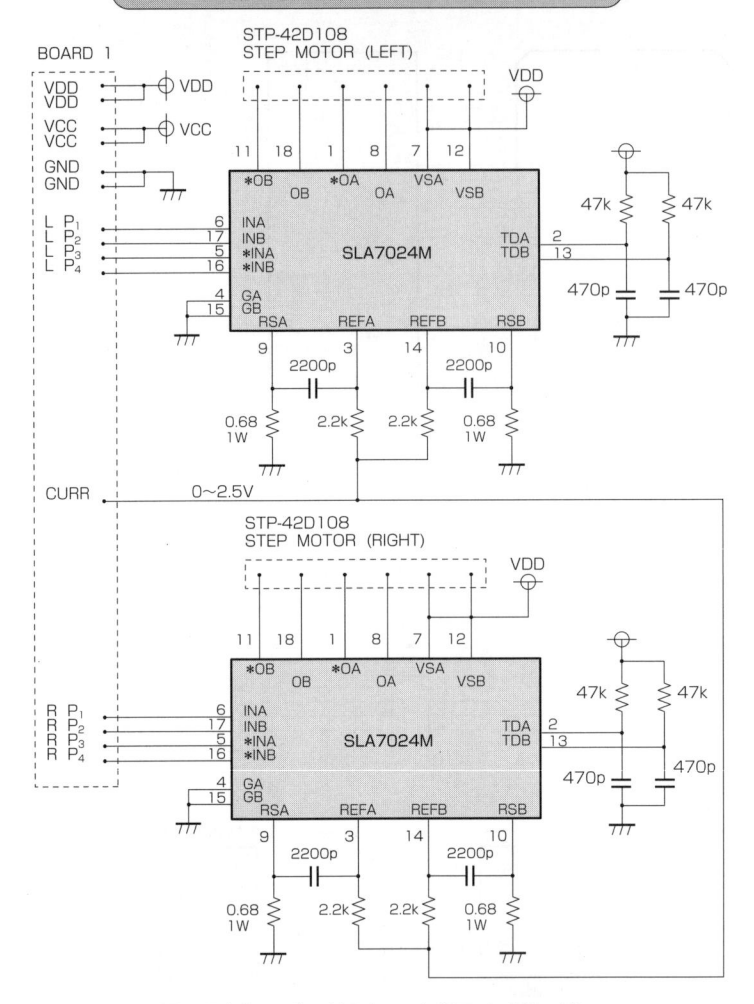

図5.2(b) ボード2(モータドライバボード)

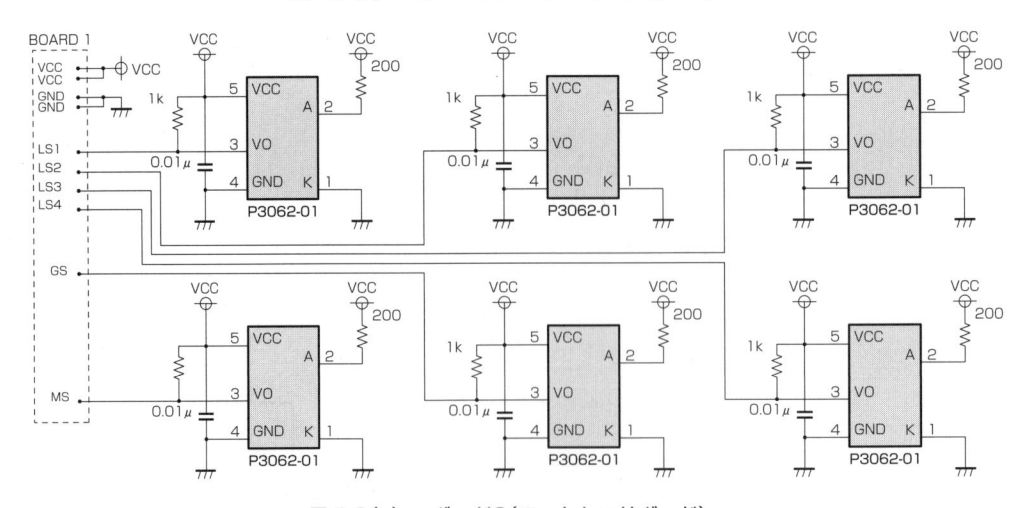

図5.2(c) ボード3(フォトセンサボード)

5.2.1 ボード1（マザーボード）

以下によりボード1（マザーボード）を構成する。
- ワンボードマイコン（AKI-80）
- コンソール

    スタートスイッチ×1

    ファンクション切り替えスイッチ（4ビットロータリDIPスイッチ）×1

    モニタスピーカ×1
- モータ制御

    パルス分配IC（PMM8713）×2

    加速減速パルス発生LSI（FGC210）×1

    モータ主電流調整DAコンバータ（NE555）×1
- 電源

    レギュレータ（L2940CT-5）×1

    電源スイッチ×1

    電池充電用ジャック×1

　部品点数を削減するため，パワーONリセットのみ使用し，リセットスイッチを省略した。

　ロボトレーサを走行させながらFGC210のパルスレートを変更することによって，最適値を見つける方法をとるので，この回路にはFGC210にデータを書き込む機能しかない。したがって，走行中のロボトレーサの速度（FGC210からモータコントロール回路に出力されている現在のパルス周波数）を読み出すことはできない。

　なお，周波数を読み込む場合やFGC210を2個使って左右のモータを独立に加速減速することによって姿勢制御を行う場合はI/Oアドレスデコーダを組み込む必要がある。

図5.3　マザーボードの外観

第5章　ロボトレーサの製作

5.2.2　ボード2（モータドライバボード）

以下によりボード2（モータドライバボード）を構成する。

- モータドライバ

　　定電流チョッパ制御IC（SLA7024M）×2

　ステッピングモータとしてSTP–42D108を用いる。このモータの定格電圧は2.4Vであるが，電源として6倍の14.4V（単4型ニッケル水素電池12本）を用い，モータの主電流をSLA7024Mによって定電流駆動する。この電流値をCTCチャネル0（ZC0）からの信号によって調整する。

　モータ1台あたりの電流は低速走行時で250～300mA程度，高速走行時で400～550mA程度となる。

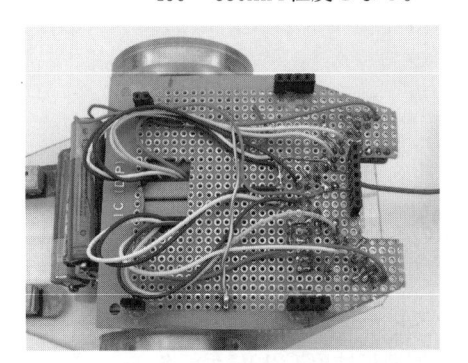

図5.4　モータドライバボードの外観

5.2.3　ボード3（フォトセンサボード）

以下によりボード3（フォトセンサボード）を構成する。

- フォトセンサ
  - ラインセンサ　　　4チャネル
  - コーナーマーカセンサ　　　1チャネル
  - スタート／ゴールマーカセンサ　　　1チャネル

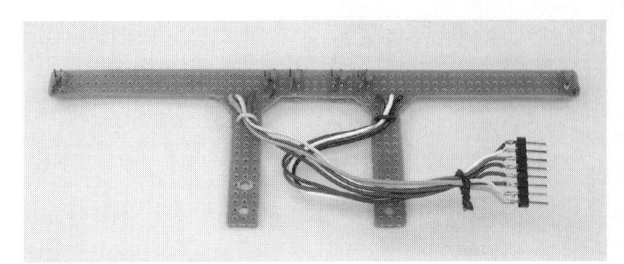

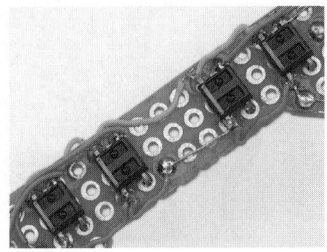

図5.5　フォトセンサボードの外観

5.2 回路と構造

センサはディジタル反射式とし，ディジタル出力型フォトリフレクタ（浜松ホトニクス P3062-01）を使用する．ラインまでの検出距離が短い（3～5mm程度）ので，フォトリフレクタの赤外線発光ダイオードは小電流で直流駆動とする．また，赤外線発光ダイオードの駆動電流調整用の半固定抵抗を省略して無調整回路とする．

図5.6にロボトレーサの組立図を，図5.7に外観を示す．

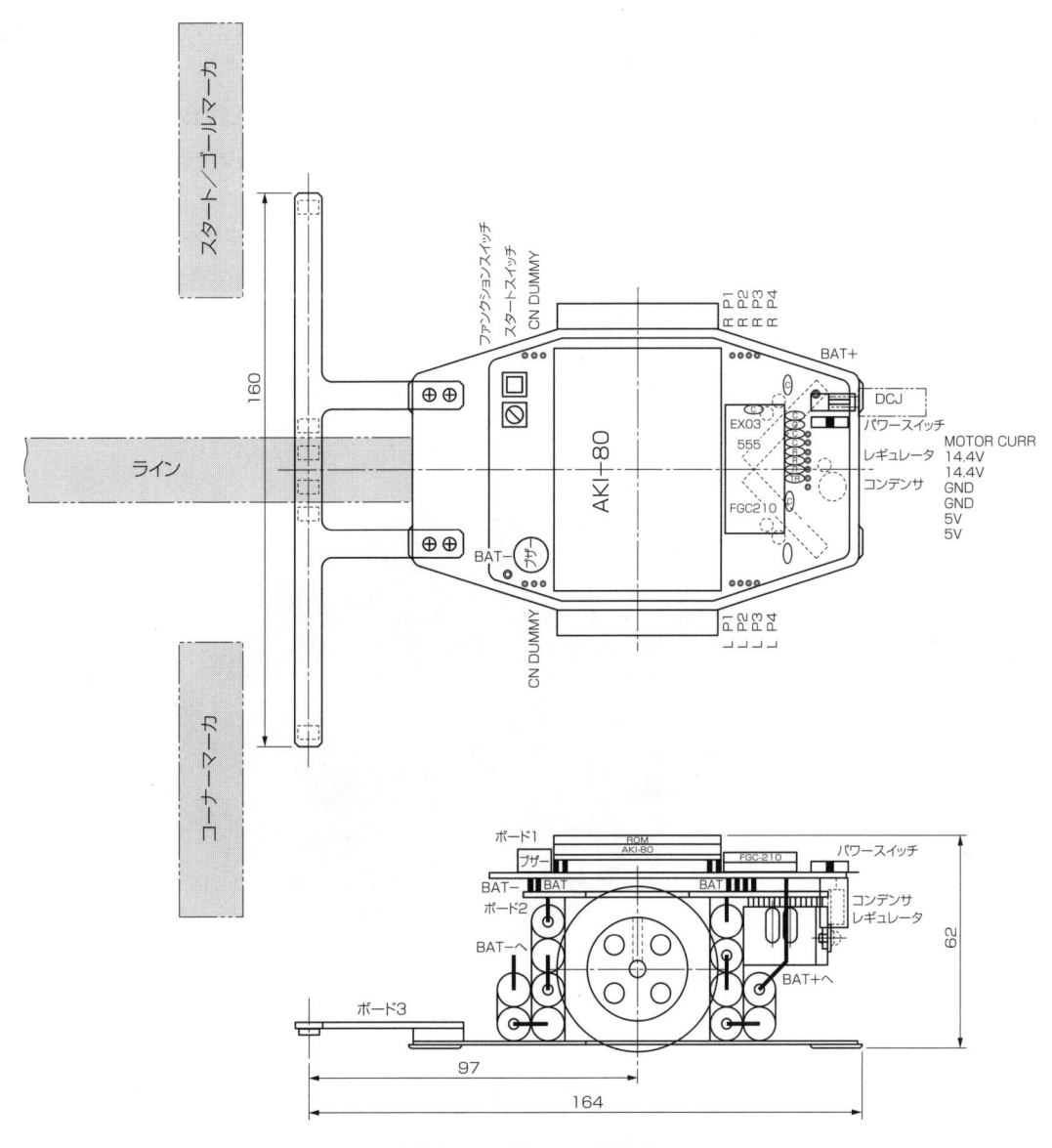

図5.6 ロボトレーサ組立図

第5章　ロボトレーサの製作

　ロボトレーサのステッピングモータ上部にボード2（モータドライバボード：モータコントロールICとその周辺の回路）を配置し，この上にボード1（マザーボード）を配置する。ロボトレーサの前方にボード3（フォトセンサボード）を配置し，マザーボードと接続する。

　単4型ニッケル水素電池を前方に6本，後方に6本配置し，これらを直列に接続する。

　シャシには厚さ1.0mmのガラスエポキシ板を用いる。適度な弾力があって，高速走行中の路面との振動を吸収するのに都合がよい（厚さ0.2〜0.3mmのリン青銅板でもよい）。

　従輪の代わりにスライダを用いる。スライダ材料としては，両面テープにテフロンシートを接着したもの，または市販の"カグスベール"などを利用するとよい。

　ボード2（モータドライバボード）の固定は，ボード2をステッピングモータに接着することによって行う。ボード1（マザーボード）は，スタッドでボード2に固定する。

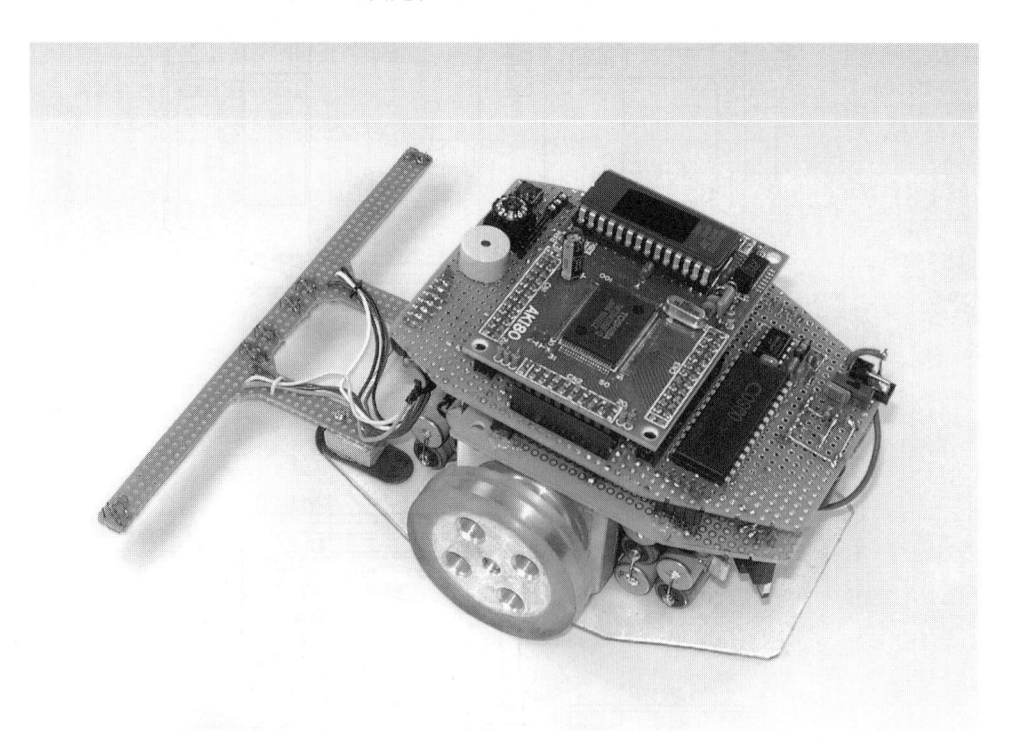

図5.7　ロボトレーサの外観

5.3 製作に必要な機械／機器／工具

製作に必要な機械／機器／工具は以下のとおりである。

5.3.1 機械加工

① 旋盤（ホイール加工に使用）
② フライス盤（モータシャフト追加工に使用）
③ ボール盤（各種穴あけに使用）
④ メタルバンドソー（カッタ，糸鋸または弓鋸でもよい。各種切断に使用）
⑤ シャーリング（糸鋸または弓鋸でもよい。基板切断に使用）
⑥ バイス（小型で作業台に固定できるもの。各種作業に使用）
⑦ バイト（スローアウェイチップ使用。ホイール加工に使用）
⑧ エンドミル（$\phi 5$，$\phi 10$程度，モータシャフト追加工に使用）
⑨ タップ（必要数，ホイール加工に使用）
⑩ ドリルビット（必要数，各種穴あけに使用）
⑪ センタポンチ（各種穴あけに使用）
⑫ リーマ（必要数，ホイール加工に使用）
⑬ ヤスリ（必要数，仕上げに使用）
⑭ ハイトゲージ（けがき針と300mm程度の鋼尺でもよい。測定とけがきに使用）

5.3.2 配　線

① はんだごて（20～30 W程度，60 W程度）
② ドライヤ（電池パック製作に使用する）
③ こて台
④ はんだ（$\phi 0.8$程度）
⑤ フラックス
⑥ ニッパ（小型，精密作業用）
⑦ ラジオペンチ（小型，精密作業用）
⑧ ピンセット（小型，精密作業用）
⑨ スルーホール加工具／スルーホールピン（サンハヤト　スルピンキットなど）
⑩ ワイヤストリッパ
⑪ アルコール（各接着面の脱脂に用いる）

5.3.3 組み立て

① 六角レンチ（必要数，ホイールとモータの締結に使用）
② ドライバ（必要数）
③ エポキシ系接着剤（2液混合型，モータとシャシの接着に使用）
④ 両面テープ（カーペット固定用，電池の固定に使用）
⑤ ビニルテープ

5.3.4 検査／充電

① 直流安定化電源（24V，3A程度）
   12V4A（5～22 V可変）電源セット（秋月電子通商）など
② テスタ（導通チェック用スピーカ付きが望ましい）
③ 充電器（単4型ニッケル水素電池14本を直列にして充電）
   $-\Delta V$制御超急速充電器キット（秋月電子通商，改造が必要）など

5.3.5 ROM書き込み

ROMライタ
ROMライタキット（秋月電子通商）　など

5.4 材料・部品

表5.2に製作に必要な材料および部品を示す。
以下，各パーツについて簡単に説明する。

❶ ユニバーサル基板

ガラスエポキシ製片面のもので，基板を3枚に切断して使用する。

❷ ワンボードマイコン

AKI‐80ゴールドキット（秋月電子通商）で，コネクタも同時に購入するとよい。

❸ クロックジェネレータ EX033B

周波数発生LSIのクロックとして，原発振周波数16.384MHz（相当品可）のクロックジェネレータを使用する。入手できない場合は，水晶振動子により8MHz程度の発振回路を構成するか，CPUのクロックを1/2に分周してクロックを生成する。

5.4 材料・部品

表5.2 製作に必要な材料および部品

材料および部品	メーカ／型式	単価	数量	合計	備考
ユニバーサル基板	ガラスエポキシ片面／200×150	1400	1	1400	3枚にカットして使用
ワンボードマイコン	秋月電子通商／AKI-80ゴールド	4200	1	4200	マイコン用コネクタ付き
ROM	27256	450	1	450	
周波数発生LSI	コスモテックス／FGC210	2500	1	2500	コスモテックス
モータ制御IC	サンケン／SLA7024M	1500	2	1500	
パルス分配IC	山洋電機／PMM8713	600	2	1200	
パルスジェネレータIC	NE555	60	1	60	
3端子レギュレータ	L2940CT-5	150	1	150	
クロックジェネレータIC	キンセキ／EX033B 16.384MHz	360	1	360	[同等品可]
ステッピングモータ	シナノケンシ／STP-42D108	4500	2	9000	[同等品可]
フォトインタラプタ	浜松ホトニクス／P3062-01	250	6	1500	[同等品可]
トランジスタ（抵抗内蔵）	ローム／DTC114	50	1	50	[同等品可]
小型ブザー	φ10程度	250	1	250	
ニッケル水素電池	単4型 1.2V680mAh	240	12	2880	
ガラスエポキシ板	t1.0 150×100	600	1	600	シャシ材料
ホイール材料	φ35×50程度	300	1	300	A5052
ウレタンゴムシート	t1 200×200	320	1	320	ショア硬度70程度
セットスクリュー	M3またはM2.5	10	2	20	
ミニタクトスイッチ	アルプス／SKHH	30	1	30	□6 [同等品可]
ロータリコードスイッチ	コパル／S-5050A	120	1	120	16進□10 [同等品可]
ミニスライドスイッチ	日本開閉器／SS-12DP2	10	1	40	電源スイッチ [同等品可]
基板用コネクタ	20P オス 1列	210	1	210	基板接続用
DCプラグ	φ2.5	60	1	60	電池充電用
DCジャック	φ2.5	50	1	50	電池充電用
ラッピングワイヤ	φ0.26 3m程度	30	10色	300	
スズめっき線	φ0.5 5m程度	160	1	160	
熱収縮チューブ	φ45 200mm程度	50	1	50	
その他	ICソケット，CRなど	2000	1	2000	
総計				29760円	

2001年4月，秋葉原にて調査

❹ **ステッピングモータ STP-42D108**

〔購入先〕ニューテクノロジー振興財団マイクロマウス委員会事務局．
（巻末に連絡先を記した。）

❺ **フォトリフレクタ P3062-01**

同等品を利用することができる。焦点距離3mmのものが望ましい。入手できない場合は，赤外線発光ダイオードとフォトトランジスタを組み合わせてフォトリフレクタを構成する。

❻ **抵抗内蔵トランジスタ DTC114**

入手できない場合は，74AC04のような出力電流の大きなICを利用するか，NPNトランジスタ（2SC945，2SC1815など）と抵抗で構成するとよい。

❼ **小型ブザー**

小型ブザーはIOポートから直接ドライブすることができないので，トランジスタなどで増幅しなければならない。ピエゾスピーカを使用した場合は，

IOポートから直接ドライブすることができる。ただし，スピーカドライブ用の信号をソフトウェアによって生成する必要がある。

❽ ロータリコードスイッチ

4ビットバイナリ。ロボトレーサのファンクション切り替えや，デバッグ時の各種パラメータ入力に使用する。

❾ ホイール材料

旋盤を使える環境でない場合は，以下の同等品を使用するとよい。

・車輪ホイール　直径44，幅8

〔購入先〕ニューテクノロジー振興財団マイクロマウス委員会事務局

❿ タイヤ（ウレタンゴム　ショア硬度70程度）

入手できない場合は，以下の同等品を使用するとよい。

・ゴムタイヤ　直径48，幅8

〔購入先〕ニューテクノロジー振興財団マイクロマウス委員会事務局

⓫ セットスクリュー

M3の場合，ねじの下穴はϕ2.5程度，M3の場合ϕ2.0程度となるので該当するドリルビットが必要となる。

⓬ ミニタクトスイッチ

スタートスイッチとして使用する。

⓭ ミニスライドスイッチ

電源スイッチとして使用する。

⓮ 基板用コネクタ

基板を接続するために使用する。

⓯ DCプラグ・ジャック

電池充電用プラグとして使用する。

5.5　ボード1（マザーボード）の製作

5.5.1　基板加工

図5.8にボード1（マザーボード）の外形および部品配置を示す。

基板の切断や仕上げは，シャーリングやメタルバンドソーを使用できる環境であれば，簡単に行うことができる。

以下は，手作業によって基板を切断し，仕上げる手順である。

①ランド
基板上の穴のあいたパターン

① 基板にフェルトペンや細いマジックペンなどで外形を描く（ランド①の中心を通るように線を引くと，加工しやすくなる）。基板の裏側にも同様に外形を描く。

5.5 ボード1（マザーボード）の製作

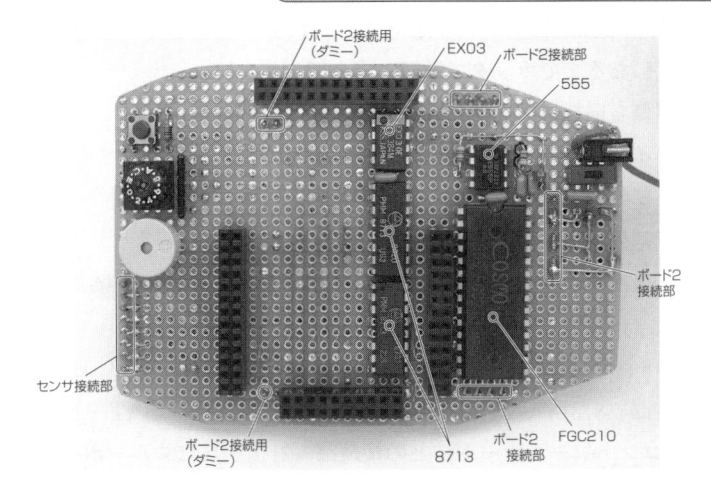

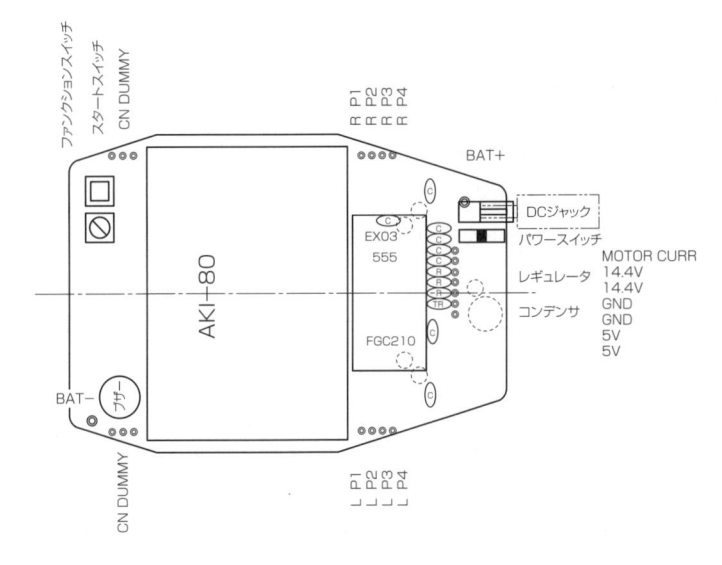

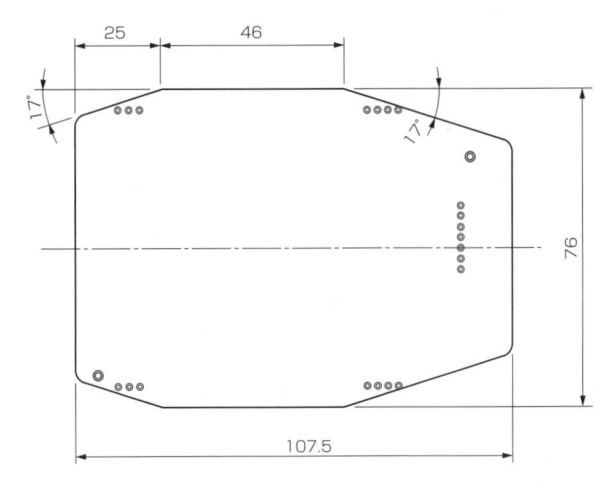

図5.8 ボード1（マザーボード）の外形および部品配置

② 基板に引いた線上にスケールをあて，これをガイドとして溝の深さが0.3mm程度になるまでカッタで数回，溝を切る。

③ 基板の裏側も同様に溝を切る。

④ 基板をバイスにセットし，溝の位置で固定して割る。

⑤ ヤスリで基板のバリを除去する。

⑥ ヤスリで基板の角にR2程度のフィレット[①]を付ける。

⑦ 加工終了後，基板上のパターンに付いた汚れをアルコールで除去しておく。

⑧ スルーホール加工

センサ接続部（8箇所），電池のリード線接続部（BAT+，BAT−），ボード2（モータコントロールボード）との接続部（21箇所）にスルーホール[②]を挿入する。

①フィレット
角を丸める加工処理。

②スルーホール
基板の表側のランドと裏側のランドを接続するための穴。スルーホール加工は基板に穴をあけて，その穴の内側にめっき処理を行うが，高価になってしまうので，スルーホールピン（サンハヤト スルピンキット）で代用するとよい。

5.5.2 部品実装と配線

❶ ICソケットの取り付け

対角の位置にある2箇所のピンをハンダ付けし，基板からの浮きがないように調整して，ICソケットを取り付ける。

❷ パーツの取り付け

パーツを取り付ける。3端子レギュレータ，3端子レギュレータ周辺のコンデンサは基板下部より取り付ける。

❸ GND（グラウンド）の配線

ϕ 0.5程度のスズめっき線によってGNDの配線を行う（ϕ 0.5程度のラッピングワイヤの被覆を剥いて使用してもよい）。

完全にはんだ付けを行うために，スズめっき線の先端2mm程度をはんだでコーティングしてからはんだ付けを行う。

回路図をコピーして，1箇所配線するたびにマーカペンなどで該当する個所を塗りつぶしていくとミスが少なくなる。

❹ VCC（＋5V）の配線

GNDの配線終了後，V_{CC}（＋5V）の配線を行う。手順はGNDの配線と同様である。

❺ 信号線の配線

GNDおよびV_{CC}の配線が終了した後，信号線を配線する。信号線の配線にはϕ 0.26程度の細いラッピングワイヤを使用するとよい。信号の機能ごとにラッピングワイヤの色を変えて配線していくとミスが少なくなる。たとえば，以下のように色を分ける。

・データバス（赤）

- アドレスバス（橙）
- コントロール信号（黄）
- センサ：入力信号（緑）
- センサ：出力信号（青）
- モータ：出力信号（紫）
- その他の信号（灰）

5.5.3 検 査

❶ 導通チェック

テスタで配線の導通をチェックする。回路図をコピーし，塗りつぶし方式で慎重にチェックするとよい。チェックの順番はGND→V_{CC}→信号とする。配線を忘れている個所があった場合，または誤配線があった場合は修正する。

❷ ショートのチェック

テスタで隣接する信号とショートしていないかをチェックする。ショートしている箇所があれば修正する。

5.5.4　ICのセット

ICソケットにIC，LSIをセットする。取り付け方向に注意。

5.5.5　ワンボードマイコンのセット

ソケットにワンボードマイコンをセットする。ICソケットにIC，LSIをセットする。取り付け方向に注意。

5.6　ボード2（モータドライバボード）の製作

5.6.1　基板加工

図5.9にボード2（モータドライバボード）の外形および部品配置を示す。
① ボード1（マザーボード）と同様に，基板を切断する。
② 穴の加工を行う。
③ バリを除去し，基板上のパターンに付いた汚れをアルコールで除去しておく。

第5章　ロボトレーサの製作

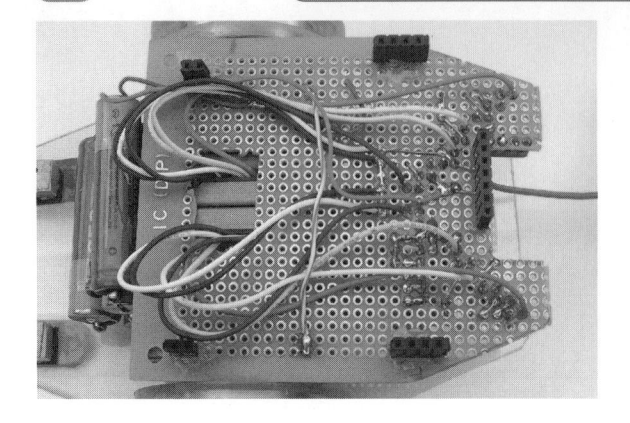

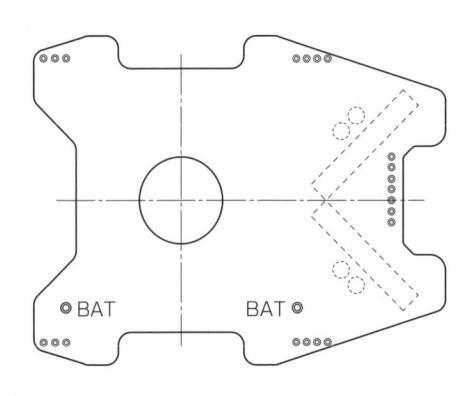

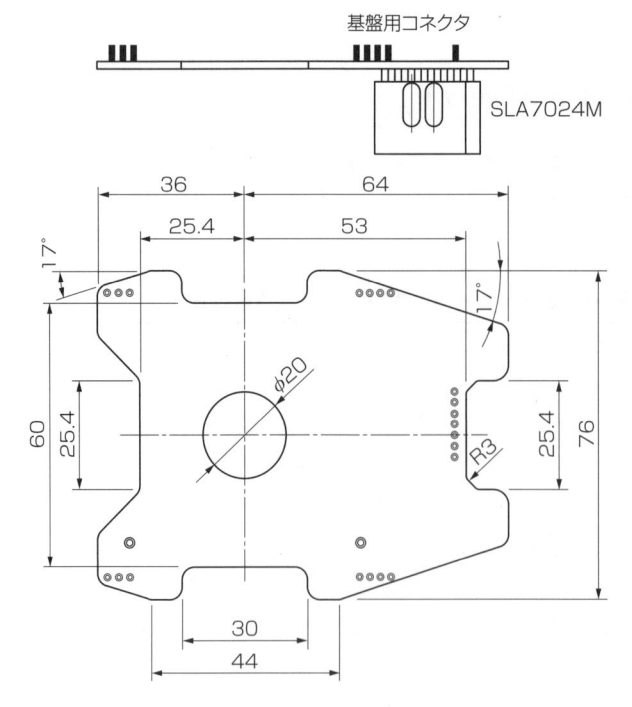

基盤用コネクタ

SLA7024M

図5.9　ボード2(モータドライバボード)の外形および部品配置

④ スルーホール加工

電池のリード線接続部（BAT＋，BAT－），ボード1（マザーボード）との接続部（21箇所）にスルーホールを挿入する。

5.6.2 部品実装と配線

❶ パーツの取り付け

モータコントロールIC，抵抗，コンデンサなどのパーツを取り付ける。モータコントロールICはモータ主電流のチョッピング[①]を行っているため，大きなノイズを発生する。そのため，フィルタ回路[②]は配線をできるだけ短く，またできるだけ配線を行わなくてすむように配置する。

❷ GND（グラウンド）の配線

ボード1（マザーボード）と同様に，φ0.5程度のスズめっき線によってGNDの配線を行う。

❸ V_{CC}（＋5V）の配線

GNDの配線終了後，ボード1（マザーボード）と同様に，V_{CC}の配線を行う。手順はGNDの配線と同様である。

❹ モータ電源（14.4V）の配線

モータ電源（14.4V）の配線を行う。モータコントロールICの他の端子にショートしないように注意する。

❺ 信号線の配線

ボード1（マザーボード）と同様に，ラッピングワイヤの色を変えて信号線を配線する。

5.6.3 検査

❶ 導通チェック

ボード1（マザーボード）と同様に，テスタで配線の導通をチェックする。チェックの順番はGND→V_{DD}（14.4V）→V_{CC}→信号とする。

❷ ショートのチェック

ボード1（マザーボード）と同様にテスタで隣接する信号とショートしていないかをチェックする。

---

①チョッピング
電流波形を時間的に切り刻み、短いパルス列の集まりとする方法。

②フィルタ回路
SLA7024M周辺のコンデンサ2200pFと抵抗22kΩ、およびコンデンサ470pFと抵抗470kΩ。モータ電流をスイッチングすることによって発生する高周波のノイズを吸収する。

5.7 ボード3（フォトセンサボード）の製作

5.7.1 基板加工

図5.10にボード3（フォトセンサボード）の外形および部品配置を示す。

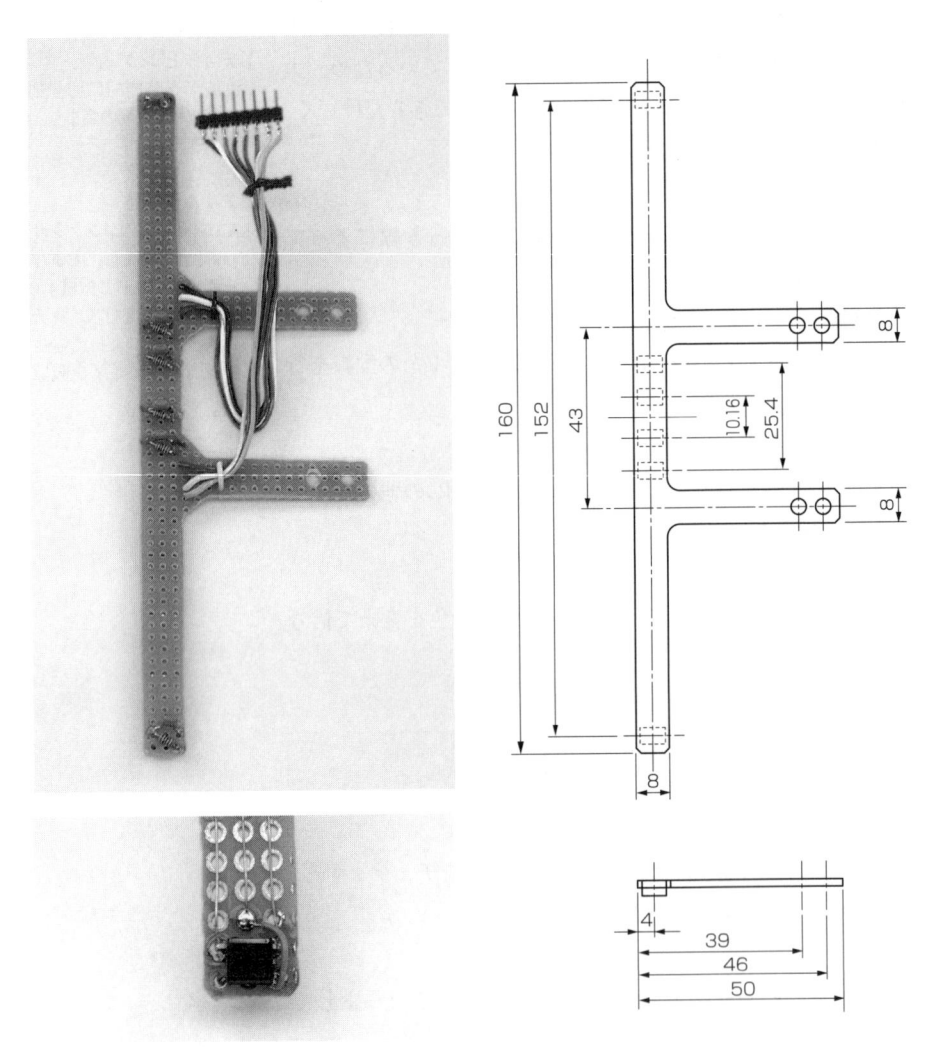

図5.10 ボード3（フォトセンサボード）の外形および部品配置

① ボード1（マザーボード）と同様に、基板を切断する。
② 穴の加工を行う。
③ バリを除去し、基板上のパターンに付いた汚れをアルコールで除去しておく。

5.7.2 部品実装と配線

❶ パーツの取り付け

フォトインタラプタICを取り付ける。

❷ GND（グラウンド）の配線

ボード1と同様に，φ0.5程度のスズめっき線によってGNDの配線を行う。

❸ V_{CC}（＋5V）の配線

GNDの配線終了後，ボード1と同様に，V_{CC}の配線を行う。手順はGNDの配線と同様である。

❹ 信号線の配線

ボード1と同様に，ラッピングワイヤの色を変えて信号線を配線する。

5.7.3 検査

❶ 導通チェック

ボード1と同様に，テスタで配線の導通をチェックする。チェックの順番はGND→V_{CC}→信号とする。

❷ ショートのチェック

ボード1と同様に，テスタで隣接する信号とショートしていないかをチェックする。

5.8 メカニズムの製作

5.8.1 ホイールとタイヤの加工，組み立て

図5.11にホイールを示す。

ホイールの高精度加工は，旋盤（NC旋盤を含む）などの工作機械を使用しないと難しい。工作機械が使用できない場合は，市販品を流用するとよい。

1 ホイールの加工手順

① 旋盤にワーク（アルミニウム丸棒）をセットする。
② 旋盤でアルミニウム丸棒を所定の直径まで加工する。
③ 旋盤で端面を加工する。
④ 端面外周の糸面取りを行う（図には示していないが，C0.1程度）。
⑤ 旋盤でドリルにより，シャフトが入る穴の下穴をあける（φ4.9程度）。
⑥ 旋盤でφ5.0リーマにより穴を仕上げる。

第 5 章　ロボトレーサの製作

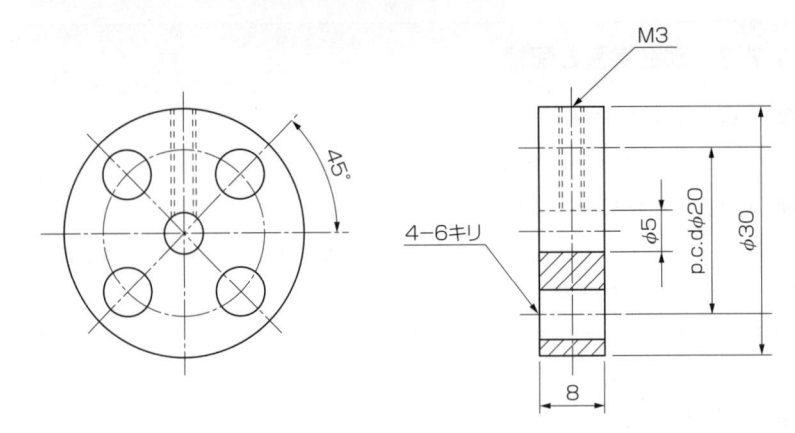

図 5.11　ホイール

⑦　旋盤で穴の糸面取りを行う（図には示していないが，C0.1 程度）。
⑧　ワークを反転し，旋盤で幅 8 に仕上げる。
⑨　端面外周の糸面取りを行う（C0.1 程度）。
⑩　旋盤で穴の糸面取りを行う（C0.1 程度）。
⑪　ボール盤で 4 箇所を肉抜き（φ6）する。
⑫　ボール盤で穴の糸面取りを行う。
⑬　ボール盤でセットスクリューを入れるためのねじ穴の下穴をあける。
⑭　M3 タップでねじを加工する。
⑮　ねじ穴のバリを除去する。

2　タイヤの加工手順

図 5.12 にタイヤを示す。

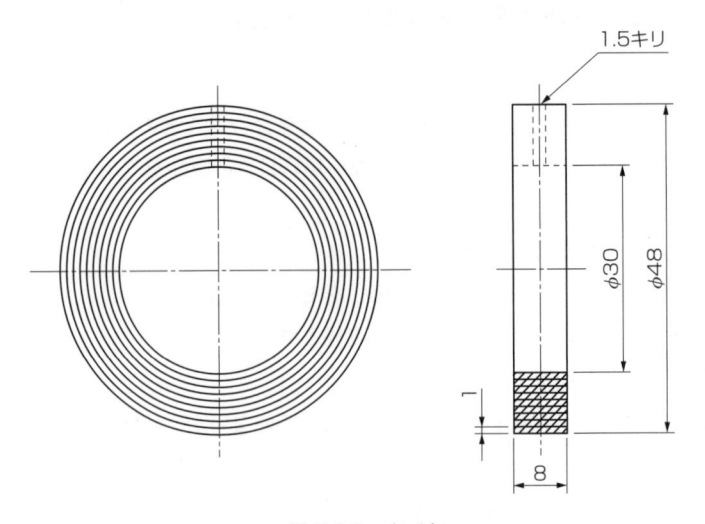

図 5.12　タイヤ

5.8 メカニズムの製作

厚さ1mmのウレタンゴムシートをホイールに均一に巻きつけて加工する。

① カッタでワーク（t1ウレタンゴムシート）を幅8にカットする。
② ホイールに巻きつけてみて，全長（外周）を求め，カットする。
③ カットしたウレタンゴムシートをホイールに接着する（段差やゆがみが発生しないよう慎重に作業を行う）。
④ 同様の手順によって所定の直径になるまで，上記作業を繰り返す。
⑤ ボール盤またはハンドドリルで，完成したタイヤにセットスクリューを入れるためのϕ1.5の穴をあける。

図5.13にホイールとタイヤの組み立て状態を示す。

六角レンチにセットスクリューを取り付け，タイヤの穴から差し込み，ホイールのねじ穴にセットする。

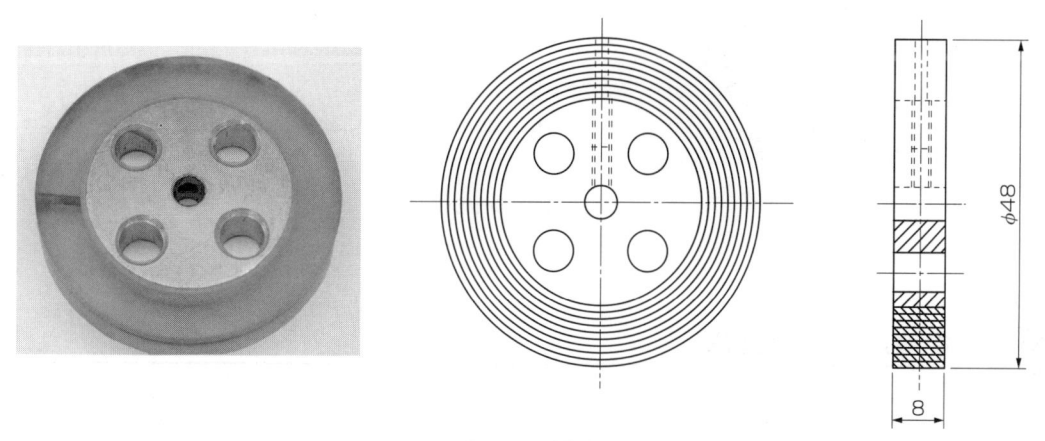

図5.13 ホイール／タイヤの組立図

5.8.2 シャシの加工

シャシ材料としてガラスエポキシ板 t1.0を使用する。図5.14にシャシを示す。

シャーリングやメタルバンドソーなどを使用して切断し，仕上げる。

以下はシャーリングなどを使用しない場合の加工手順である。

① カッタでワーク（t1.0ガラスエポキシ板）を所定の寸法にカットする（仕上げしろを0.5程度とっておく）。
② ドリルで，タイヤの"逃げ"部の中心に穴をあける。
③ カッタでタイヤの"逃げ"部を切断する。
④ ヤスリで外形を仕上げる。

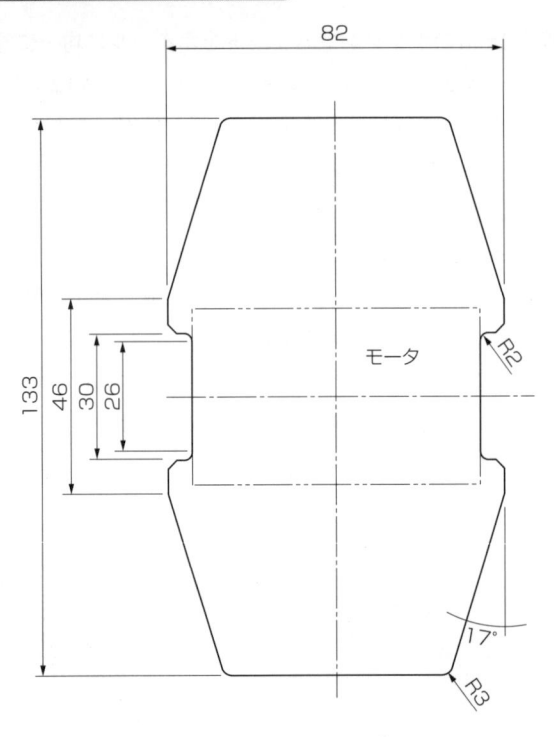

図5.14　シャシ

5.9　電池パックの製作

5.9.1　電池の接着

① 電池側面中央部に少量のエポキシ接着剤を塗布する。
② 隣り合った電池が互いに逆方向になるように電池を並べて接着する。
③ 以上の作業を前方の電池パックを6本，後方の電池パックを6本について行う。

5.9.2　配　線

① 電池の各極の汚れをアルコール除去する。
② 電池の各極に少量のフラックスを塗布する。
③ スズめっき線を必要な長さにカットし，はんだでコーティングしておく。
④ 隣り合った電池の極同士を最短距離になるようにスズめっき線で配線する。60W程度のはんだごてで手早く配線すること。
⑤ 以上の作業を前方の電池パックを6本，後方の電池パックを6本につい

て行う。
⑥ 前方, 後方それぞれの電池パックについて, リード線を引き出しておく。

5.9.3 パック

① t0.1程度の厚紙（テレホンカードなどでもよい）を電池パック側面の大きさにカットし, リード線を通すための穴をあけておく。
② 電池側面のリード線を厚紙の穴に通し, 両面テープで固定する。
③ 熱収縮チューブをカットし, 電池パックを包んでドライヤで加熱し, 収縮させる。
④ 以上の作業を前方の電池パック, 後方の電池パックについて行う。

5.10 組み立てと調整

5.10.1 モータブロックの組み立て

図5.15にモータブロック組立図を示す。

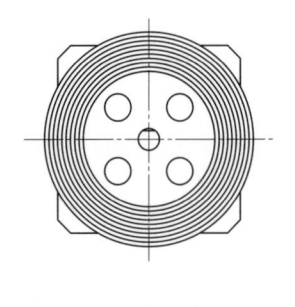

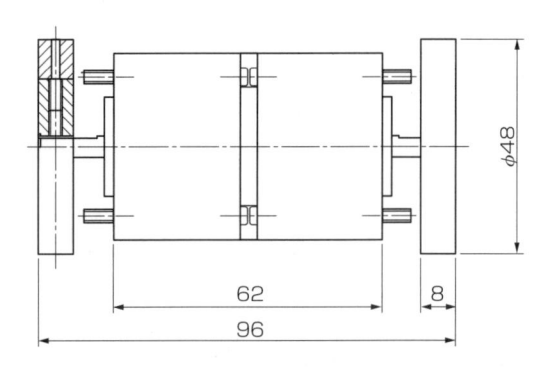

図 5.15 モータブロック組立図

① モータ背面の汚れををアルコールで除去する。
② モータ背面にエポキシ系接着剤（2液混合型）を少量, 均一に塗布し, 水平な台（定盤が望ましい）上でモータ背面同士を接着する。

5.10.2 モータブロックとシャシの接着

① シャシのモータ固定箇所にケガキ線を入れる。
② シャシとモータ下面の汚れをアルコールで除去する。

③ モータ下面にエポキシ系接着剤を塗布し,シャシに接着する。

5.10.3 モータコントロールボードの接着(両面テープ・絶縁を兼ねる)

① ボード2(モータドライバボード)のモータを固定する箇所にケガキ線を入れる。
② ボード2中央の穴からモータの配線を引き出し,ビニルテープで仮りに配線をまとめておく。
③ ボード2とモータを接着する。

5.10.4 電池パックの取り付け

電池パックに両面テープを貼り付け,モータブロックの中央に固定する。電池パックが劣化した場合,交換しなくてはならないので,交換のことも考え,カーペット固定用の両面テープを用いるとよい。

5.10.5 ボード2(モータドライバボード)と電池パックの配線

① 電池パック(前方)のプラスをモータコントロールボードのV_{DD}に接続する。
② 電池パック(後方)のGNDをモータコントロールボードのGNDに接続する。
③ ボード2上で電池パック(前方)と電池パック(後方)の接続を行う。

5.10.6 モータの配線

① ボード2(モータドライバボード)にモータのステータコイルのリード線を接続する。
注意1.モータのリード線は色によって分けてあるので注意する。
注意2.モータの左右を間違えないようにする。
注意3.モータの配線はできるだけ短くすることが望ましい。
② ボード2にモータのステータコイルの中点リード線を接続する。
注意1.モータのステータコイルの中点はすべて共通であるから,V_{DD}に接続する。

5.10.7 基板の接続

ボード1(マザーボード)とボード2(モータドライバボード)を基板用コ

ネクタで接続する。
① 基板用コネクタ（20P オス1列）を分解しておく（2P：3本，1P：9本）。
② 基板用コネクタで双方のボードのGNDを接続する（2P）。
③ 基板用コネクタで双方のボードのV_{DD}を接続する（2P）。
④ 基板用コネクタで双方のボードのV_{CC}を接続する（2P）。
⑤ 基板用コネクタで双方のボードの信号線（L P1～P4，R P1～P4，CURR）を接続する（各1P）。

5.10.8 スライダの取り付け

スライダとしてテフロンシートやカグスベールなどを使用し，シャシ下面に両面テープで固定する。

5.10.9 ホイール／タイヤの取り付け

① モータのシャフトにホイール／タイヤを通す。
② セットスクリューとモータシャフトのDカット部が垂直になるように調整し，ホイール／タイヤを取り付ける。

5.11 検 査

すべての配線および組み立てが終了してから，検査を行う。
① 直流安定化電源の電源電圧をV_{DD}（14.4V）にセットする（電流カットオフ機能付きの電源の場合は，カットオフ値を1A程度にセットしておく）。電源をOFFとしておく（スタンバイ機能付き電源の場合は出力OFFとしておく。）
② マイクロマウスの電池充電用コネクタと直流安定化電源を接続する。
③ マイクロマウスの電源スイッチON。もし，大電流が流れるようであれば直ちに電源OFFとして回路を修正する。

5.12 充電器および放電器の製作例

市販の充電器および放電器を購入すると不経済になる。余裕があれば，これらを製作してみるとよい。
図5.16に充電回路の例を示す。この回路は単4型ニッケル水素電池12本を直列にして急速充電するもので，MAXIM MAX712は充電専用ICである。

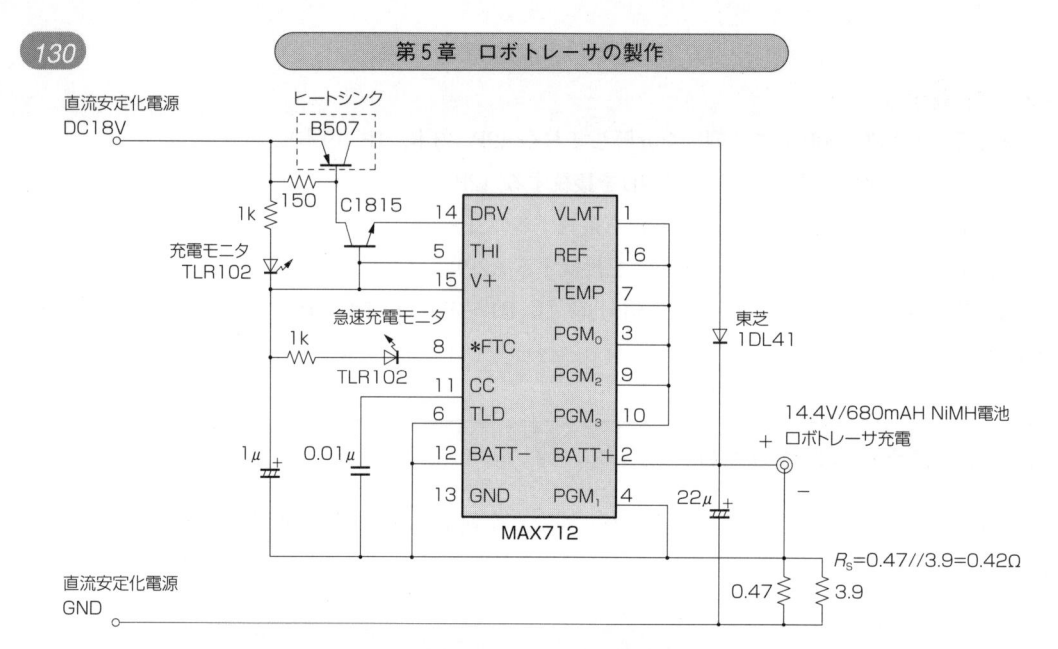

図5.16　NiMH電池充電器

5.13　プログラミングとROM化

5.13.1　プログラミングとコンパイル

ロボトレーサのプログラムはROMに書き込んで実行することにする。

プログラム開発方法やデバッグの方法などについては、前著『勝てるロボコン 高速マイクロマウスの作り方』に説明したので参照していただきたい。

リスト5.1にロボトレーサのプログラム例"robot.c"を示す。

コンパイラとしてHitech-C　CrossZ80 Ver7を使用した（他の処理系でコンパイルを行う場合は若干の手直しが必要である）。

Cソースプログラムのコンパイル、リンクを行い、オブジェクトプログラムを生成する。さらにROMに書き込むためにインテルHEXフォーマットに変換する。操作はMS-DOS上で行う。

　　　x>ZC - A0,8000,1F00　robot.c

以上により、ファイルのリンク、ROM／RAMのアドレス指定、インテルHEXフォーマット[①]に変換したオブジェクト"robot.hex"を生成する。

5.13.2　ROM書き込み

ROMライタを使用してオブジェクトプログラム"robot.hex"をROMに書きこむ。

---

①インテルHEXフォーマット
オブジェクトの機械語（バイナリファイル）をHEX（テキストデータ）に変換したファイル。通信用のデータ形式として多く使用されている。テキストデータであるからエディタやワープロで読むことができ、また、エディタなどで直接機械語を編集することもできる。バイナリファイルよりもファイルサイズは大きくなる。ファイル形式は以下のようになる。
:L1 L2 A1 A2 A3 A4 00 D1H D12 D2H D2L～DNH DNL CC CR LF
：　レコードマーク（常に:)
L1 L2　データ部分のバイト数
A1 A2 A3 A4　データが配置されるメモリ上のアドレス（2バイト）
00　固定（常に00）
D2H D2L～DNH DNL　データ（2桁の16進表示）
CC　チェックサム（受信エラーのチェックに使用する）
CR　キャリッジリターン（0DH）・・・次の行へ
LF　ラインフィード（0AH）・・・・・・行の先頭へ

5.13 プログラミングとROM化

ロボトレーサのAKI-80にROMソケットを取り付け，ROMをセットする。
（ロボトレーサの電源をOFFとし，ROMの方向に注意してセットする。）

5.13.3 プログラムの実行

ロボトレーサの電源スイッチをONとすると自動的にパワーONリセットとなり，ROM上のプログラムを実行する。

リスト5.1

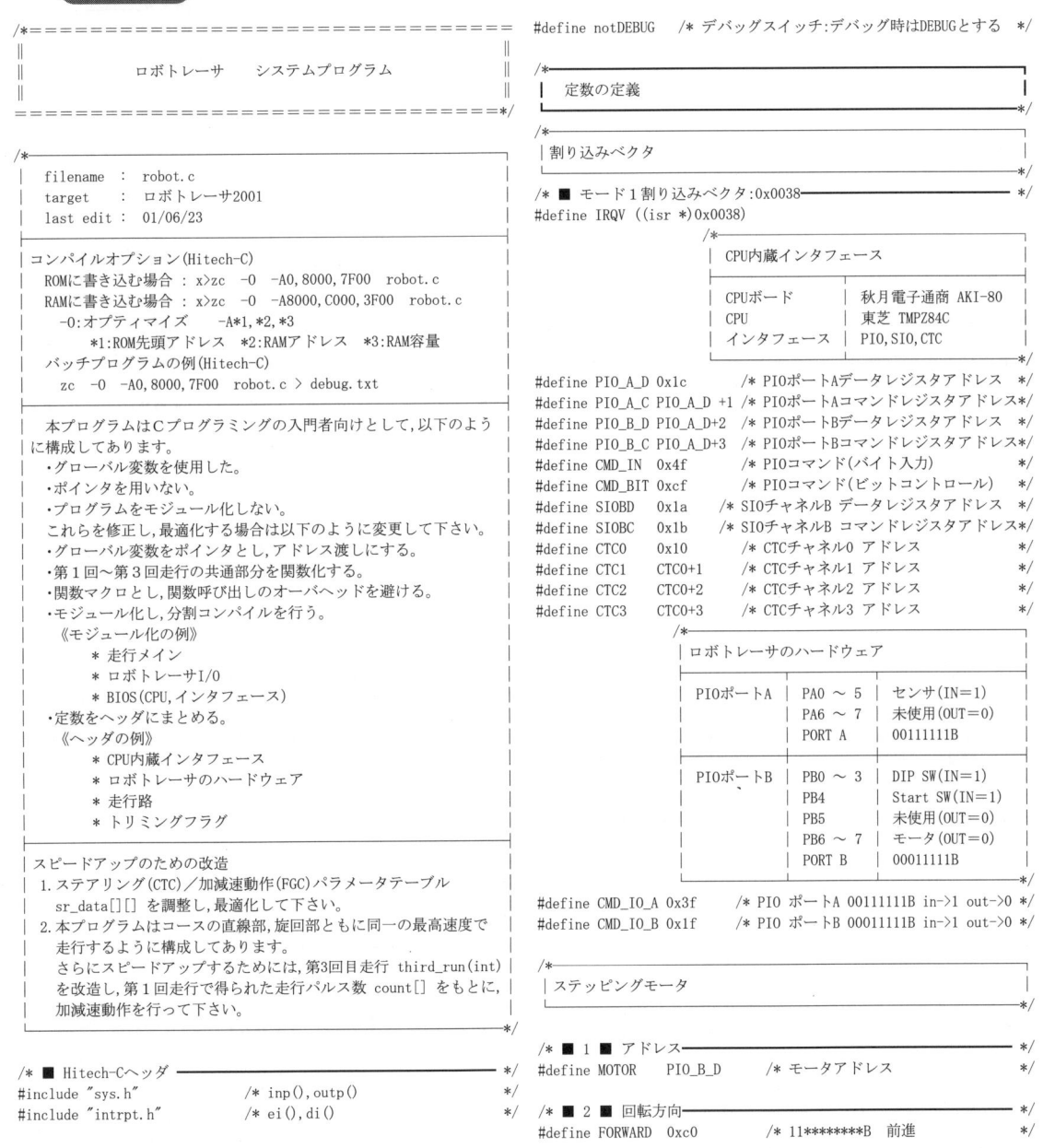

```
/*===============================
||
||          ロボトレーサ    システムプログラム
||
================================*/

/*
| filename  :  robot.c
| target    :  ロボトレーサ2001
| last edit :  01/06/23
|
| コンパイルオプション(Hitech-C)
|   ROMに書き込む場合： x>zc  -O  -A0,8000,7F00  robot.c
|   RAMに書き込む場合： x>zc  -O  -A8000,C000,3F00  robot.c
|   -O:オプティマイズ    -A*1,*2,*3
|      *1:ROM先頭アドレス  *2:RAMアドレス  *3:RAM容量
|   バッチプログラムの例(Hitech-C)
|     zc  -O  -A0,8000,7F00  robot.c  >  debug.txt
|
| 本プログラムはCプログラミングの入門者向けとして,以下のよう
| に構成してあります。
|   ・グローバル変数を使用した。
|   ・ポインタを用いない。
|   ・プログラムをモジュール化しない。
|   これらを修正し,最適化する場合は以下のように変更して下さい。
|   ・グローバル変数をポインタとし,アドレス渡しにする。
|   ・第1回～第3回走行の共通部分を関数化する。
|   ・関数マクロとし,関数呼び出しのオーバヘッドを避ける。
|   ・モジュール化し,分割コンパイルを行う。
|    《モジュール化の例》
|       * 走行メイン
|       * ロボトレーサI/O
|       * BIOS(CPU,インタフェース)
|   ・定数をヘッダにまとめる。
|    《ヘッダの例》
|       * CPU内蔵インタフェース
|       * ロボトレーサのハードウェア
|       * 走行路
|       * トリミングフラグ
|
| スピードアップのための改造
|  1. ステアリング(CTC)/加減速動作(FGC)パラメータテーブル
|     sr_data[][]を調整し,最適化して下さい。
|  2. 本プログラムはコースの直線部,旋回部ともに同一の最高速度で
|     走行するように構成してあります。
|     さらにスピードアップするためには,第3回目走行 third_run(int)
|     を改造し,第1回走行で得られた走行パルス数 count[] をもとに,
|     加減速動作を行って下さい。
*/

/* ■ Hitech-Cヘッダ ─────────────── */
#include "sys.h"           /* inp(),outp()           */
#include "intrpt.h"        /* ei(),di()              */

#define notDEBUG    /* デバッグスイッチ:デバッグ時はDEBUGとする */

/*
| 定数の定義
|                                                                 */

/*
| 割り込みベクタ
|                                                                 */
/* ■ モード1割り込みベクタ:0x0038────────── */
#define IRQV  ((isr *)0x0038)
                 /*
                 | CPU内蔵インタフェース
                 |
                 | CPUボード      | 秋月電子通商 AKI-80
                 | CPU            | 東芝 TMPZ84C
                 | インタフェース | PIO,SIO,CTC
                 */
#define PIO_A_D  0x1c         /* PIOポートAデータレジスタアドレス   */
#define PIO_A_C  PIO_A_D +1   /* PIOポートAコマンドレジスタアドレス */
#define PIO_B_D  PIO_A_D+2    /* PIOポートBデータレジスタアドレス   */
#define PIO_B_C  PIO_A_D+3    /* PIOポートBコマンドレジスタアドレス */
#define CMD_IN   0x4f         /* PIOコマンド(バイト入力)            */
#define CMD_BIT  0xcf         /* PIOコマンド(ビットコントロール)    */
#define SIOBD    0x1a         /* SIOチャネルB データレジスタアドレス */
#define SIOBC    0x1b         /* SIOチャネルB コマンドレジスタアドレス */
#define CTC0     0x10         /* CTCチャネル0 アドレス              */
#define CTC1     CTC0+1       /* CTCチャネル1 アドレス              */
#define CTC2     CTC0+2       /* CTCチャネル2 アドレス              */
#define CTC3     CTC0+3       /* CTCチャネル3 アドレス              */
                 /*
                 | ロボトレーサのハードウェア
                 |
                 | PIOポートA | PA0 ～ 5 | センサ(IN=1)
                 |            | PA6 ～ 7 | 未使用(OUT=0)
                 |            | PORT A   | 00111111B
                 |
                 | PIOポートB | PB0 ～ 3 | DIP SW(IN=1)
                 |            | PB4      | Start SW(IN=1)
                 |            | PB5      | 未使用(OUT=0)
                 |            | PB6 ～ 7 | モータ(OUT=0)
                 |            | PORT B   | 00011111B
                 */
#define CMD_IO_A  0x3f    /* PIO ポートA 00111111B in->1 out->0 */
#define CMD_IO_B  0x1f    /* PIO ポートB 00011111B in->1 out->0 */

/*
| ステッピングモータ
|                                                                 */

/* ■ 1 ■ アドレス──────────────────── */
#define MOTOR     PIO_B_D      /* モータアドレス                  */

/* ■ 2 ■ 回転方向──────────────────── */
#define FORWARD   0xc0         /* 11*******B 前進                 */
```

第5章 ロボトレーサの製作

```c
#define BACK      0x00      /* 00*******B 後退          */
#define R_TURN    0x40      /* 01*******B 右回りにUターン */
#define L_TURN    0x80      /* 10*******B 左回りにUターン */

/* ■ 3 ■ 制御電流 ─────────────────────── */
/*
    |《 実験データ 》
    |  定数  | 52 | 50 | 41 | 38 | 36 | 34 | 30 |
    | 実験値 |0.8A|1.0A|1.1A|1.2A|1.4A|1.6A|1.9A|
*/
#define TURBO_HIGH 34       /* 高速走行時電流 */
#define TURBO_MID  38       /* 中速走行時電流 */
#define TURBO_LO   42       /* 低速走行時電流 */

/* ■ 4 ■ 走行パルス数の計算 ─────────────── */
/*
    | スペック | ホイール直径 48[mm]
    |         | モータPPR   200[ppr]
    |         | トレッド     88[mm]
    | 計  算  | 1パルス当り進む距離 = 48×π/200 = 0.764[mm]
    |         | Uターンに必要なパルス数 = 88×π/2/0.764
    |         |                        = 180.92 → 181[パルス]
*/
#define UTURN      181      /* Uターンに要するパルス数   */
#define LTURN      UTURN/2  /* 90度左ターンに要するパルス数 */
#define RTURN      LTURN    /* 90度右ターンに要するパルス数 */
#define HALF_BLOCK 100
#define BLOCK      HALF_BLOCK*2

/* ■ FGC210 モータ加減速パルス発生LSI ─────── */
#define FGCC 0x00           /* FGC コマンド/ステータスレジスタアドレス */
#define FGCD FGCC+1         /* FGC データ レジスタアドレス            */

/* ■ センサ ──────────────────────── */
#define SENSOR      PIO_A_D /* センサアドレス        */
#define SENSOR_MASK 0x3f    /* マスク 00******B      */
#define GS          0       /* ゴール/スタートセンサ */
#define LS1         1       /* ラインセンサ(右外)    */
#define LS2         2       /* ラインセンサ(右内)    */
#define LS3         3       /* ラインセンサ(左内)    */
#define LS4         4       /* ラインセンサ(左外)    */
#define MS          5       /* マーカセンサ          */

/* ■ モニタスピーカ ──────────────────── */
#define SPK      PIO_B_D    /* モニタスピーカアドレス */
#define SPK_MASK 0x1f       /* マスク ***11111B      */
#define SPK_ON   0x20       /* スピーカ ON           */
#define SPK_OFF  0x00       /* スピーカ OFF          */
#define BEEP_T   4000       /* スピーカ ONタイム     */
#define BEEP_T1  BEEP_T-1000 /* スピーカ OFFタイム    */

/* ■ スタートスイッチ ─────────────────── */
#define START_SW      PIO_B_D /* スタートスイッチアドレス */
#define START_SW_MASK 0x10    /* マスク ***1****B        */

/* ■ ファンクションスイッチ(ロータリDIPスイッチ) ───── */
#define DIP_SW      PIO_B_D /* ロータリDIPスイッチアドレス */
#define DIP_SW_MASK 0x0f    /* マスク ****1111B            */

/* ■ 走行路 ──────────────────────── */
#define CONER_MAX    100    /* コーナマーカの最大数 */
#define MARKER_ON    1
#define MARKER_OFF   0
#define MARKER_WIDTH 10
#define ON_COURSE    1      /* コース上          */
#define NOT_ON_COURSE 0     /* コースから外れている */

/* ■ トリミングフラグ ─────────────────── */
#define TRIM_ON  1          /* トリミングを行う   */
#define TRIM_OFF 0          /* トリミングを行わない */

/*───────────────────────────────
              グローバル変数宣言
───────────────────────────────*/

/* ■ トリミング用変数(CTC3にセットし,左車輪の回転数を調整する) */
static int speed_const;      /* CTC3分周値:左右車輪同一回転数     */
static int speed_trim_dec;   /* CTC3分周値:左車輪の回転数を下げる */
static int speed_trim_inc;   /* CTC3分周値:左車輪の回転数を上げる */

/* ■ コースアウトカウンタ,フラグ ───────────── */
static int course_out_counter;
static int course_out;

/* ■ 走行距離カウンタ,テーブルおよびマーカフラグ ──── */
static unsigned int count_b;            /* 走行距離カウンタ */
static unsigned int count[CONER_MAX];   /* 走行距離カウンタテーブル */
static int coner_marker_no;             /* コーナマーカ番号 */
static int coner_marker_counter;        /* コーナマーカの幅を測定するためのカウンタ */
static int st_go_marker;                /* スタート/ゴールマーカフラグ(進行方向右側,センサ:GS) */
static int coner_marker;                /* コーナマーカフラグ(進行方向左側,センサ:MS) */
static int goal_marker_counter;         /* ゴールマーカの幅を測定するためのカウンタ */

/* ■ ステアリング(CTC)/加減速動作(FGC) パラメータテーブル ── */
/*
  | 0    | speed_const       | CTC | トリミングパラメータ
  |      |                   |     | (左右車輪同一回転数)
  | 1    | speed_trim_dec    | CTC | トリミングパラメータ
  |      |                   |     | (左車輪の回転数を下げる)
  | 2    | speed_trim_inc    | CTC | トリミングパラメータ
  |      |                   |     | (左車輪の回転数を上げる)
  | 3    | fgc_range_set(int)| FGC | 加速レンジ
  | 4    | fgc_rate_set(int) | FGC | 加速レート
  | 5,6  | fgc_now_freq(int,int) | FGC | 現在の周波数(起動時周波数)
  | 7,8  | fgc_obj_freq(int,int) | FGC | 目的の周波数(加減速動作)
  | 9,10 | fgc_obj_freq(int,int) | FGC | 目的の周波数(一定速度)
*/
static int sr_data[11][11]={
/*      0   1   2   3   4   5    6    7    8    9   10             */
       40, 46, 34, 11, 12, 180, 0, 220, 2, 240, 2,   //function 0,1
       40, 46, 34, 11, 12, 180, 0,  30, 3,  40, 3,   // 未使用
       40, 46, 34, 11, 12, 180, 0,  40, 3,  50, 3,   //function 2
       40, 46, 34, 11, 12, 180, 0,  50, 3,  60, 3,   //function 3
       40, 46, 34, 11, 12, 180, 0,  60, 3,  70, 3,   //function 4
       40, 46, 34, 11, 12, 180, 0,  70, 3,  80, 3,   //function 5
       40, 46, 34, 11, 12, 180, 0,  80, 3,  90, 3,   //function 6
       40, 46, 34, 11, 12, 180, 0,  90, 3, 100, 3,   //function 7
       40, 46, 34, 11, 12, 180, 0, 100, 3, 110, 3,   //function 8
       40, 46, 34, 11, 12, 180, 0, 110, 3, 120, 3,   //function 9
       40, 46, 34, 11, 12, 180, 0, 120, 3, 130, 3    //function 10
};

/* ■ センシングデータバッファ ───────────── */
static int sensor;

/* ■ 割り込み処理フラグ(モード1割り込みを使用するため,フラグに
                       よって処理を切り替える)─────── */
static int int_flag;

/*───────────────────────────────
              関数プロトタイプの宣言
───────────────────────────────*/

int robot_drive(int);       /* ロボトレーサドライブ */

int course_init_1(void);    /* 走行路情報のイニシャライズ
                               (第1回目走行時)      */
int course_init_2(void);    /* 走行路情報のイニシャライズ
                               (第2,3回目走行時)    */

int first_run(void);        /* 第1回目走行          */
```

5.13 プログラミングとROM化

```
int  second_run(int);              /* 第2回目(高速走行)          */
int  third_run(int);               /* 第3回目(高速走行)          */

int  param_set(int);               /* 走行パラメータのセット       */

int  turn(int, int);               /* 進行方向に転回する           */

int  forward(void);                /* モータ回転方向のセット(前進)  */
int  back(void);                   /* モータ回転方向のセット(後退)  */
int  right_turn(void);             /* モータ回転方向のセット(右転回) */
int  left_turn(void);              /* モータ回転方向のセット(左転回) */

int  beep(int);                    /* ブザー ビープ              */
int  wait_start_switch(void);      /* スタートスイッチ待ち        */
int  timer(int);                   /* 汎用ソフトウエアタイマ       */

int  sensor_check(void);           /* センサ感度のチェック         */
int  tire_maintenance(void);       /* タイヤのメンテナンス         */
int  motor_check(void);            /* モータ回路のチェック         */
int  turn_check(void);             /* Uターン動作のチェック        */
int  motor_hold(void);             /* ターン時モータをホールド     */

int  turbo(int);                   /* 電流コントロールON          */
int  turbo_off(void);              /* モータ パワーダウン(フリー)  */

/* ◇ CPU デバイスドライバ ◇ ─────────────────── */
/* int iml(void); */               /* インタラプトmode1宣言       */
int  io_initialize(void);          /* PIO, SIOイニシャル          */
int  ctc01_init(void);             /* CTCチャネル0,1 イニシャル    */
int  ctc23_init(void);             /* CTCチャネル2,3 イニシャル    */

/* ◇ FGC デバイスドライバ ◇ ─────────────────── */
int  fgc_range_set(int);           /* FGC210 レンジレジスタ セット */
int  fgc_rate_set(int);            /* FGC210 レートレジスタ セット */
int  fgc_rate_set1(int, int);      /* FGC210 レートレジスタ セット */
int  fgc_now_freq(int, int);       /* FGC210 周波数レジスタ(初期値セット) */
int  fgc_obj_freq(int, int);       /* FGC210 周波数レジスタ(目的値セット) */
int  fgc_direct_freq(int, int);    /* FGC210 周波数レジスタ(目的値)ダイレクトライト */
int  fgc_enable(void);             /* FGC210 スタート            */
int  fgc_disable(void);            /* FGC210 ストップ            */
int  ctc_enable(int, int);         /* CTCチャネル2,3 カウントスタート */

/* ◇ 割り込み処理 ◇ ──────────────────────── */
void interrupt int1(void);         /* モード1割り込み            */

/* ◇ その他(デバッグ用) ◇ ─────────────────── */
//int  get_bit_1(int, int);
//int  set_bit_1(int, int, int);
//int  set_bit_1(int, int);
//int  reset_bit(int, int, int);

/*─────────────────────────────
 |  main()関数
 ─────────────────────────────*/

int main(void)
{
  di();                            /* 割り込み禁止               */
  set_vector(IRQV, int1);          /* 割り込みモード1ベクタをセット
                                       → void interrupt int1(void) */
  asm("IM 1");                     /* 割り込みモードを1にセット   */
  io_initialize();                 /* インタフェースのイニシャライズ */
  turbo_off();                     /* モータ パワーダウン         */

  while(1){
    wait_start_switch();
    robot_drive(inp(DIP_SW) & DIP_SW_MASK);
            /* ロータリDIPスイッチをチェック, ロボトレーサドライブ */
  }

  return 0;
}
```

```
/*─────────────────────────────
 |ロボトレーサドライブ
 |
 |1 ロータリDIPスイッチをチェックし, ファンクションを選択, 実行する
 |
 |《ファンクション00～10:走行(速度レベル=1～10)》
 |   走行路の状況に応じて最適なファンクションを選択する。
 |   実験用と大会用の走行路では状況(摩擦係数, 段差)が異なること
 |   に注意。大会において試走用の走行路が準備されている場合は試
 |   走用走行路で走行し, 最適値を見つけると良い。
 |《ファンクション11:デモ走行》
 |《ファンクション12:ターン動作のチェック》
 |   ラインを見失った場合の復帰動作に使用するためのターン動作の
 |   チェック。(本プログラムではターン動作は未使用とした。)
 |《ファンクション13:モータのチェック》
 |   1. ステッピングモータに主電流を流さない状態で主電流制御端子
 |     (curr)の電圧をチェックする。(0.5～0.7V程度の値であれば正常)
 |   2. ステッピングモータに主電流を流さない状態でモータ制御パルス
 |     出力端子(LP1～LP4, RP1～RP4)をオシロスコープでチェックする
 |   3. ステッピングモータに主電流を流し, 走行を確認する。
 |《ファンクション14:センサ感度のチェック》
 |   1. ロボトレーサを走行路に置いた状態でセンサ感度のチェックを行
 |     う。6つのセンサの内, 1つ以上がONであればスピーカを鳴らす。
 |     周囲光(室内光)を変化してセンサ感度の確認を行う。
 |   2. 上記1によって, 不良個所をがあれば修正する。
 |   3. センサ全体の感度はセンサアームの上下方向取り付け位置の調整
 |     (センサと床面との距離)によって行う。4mm前後とする。
 |   4. センサ個々の感度の調整は赤外線発光ダイオードに流す電流を抵
 |     抗により調整することによって行う。(初期値は200Ω)
 |《ファンクション15:タイヤのメンテナンス》
 |   1. ロボトレーサを台に乗せ, タイヤが空回りする状態にしておく。
 |   2. ウェスにアルコールを染み込ませ, タイヤを回転しながらタイヤ
 |     を拭く。
 |   3. アルコールが揮発するまで放置する。(5秒程度)
 |
 |2 ステッピングモータの主電流をカットオフとする。
 ─────────────────────────────*/

/* ■ 引数 int function:コンソールのファンクションスイッチデータ*/
int robot_drive(int function)
{
  int i;

  switch(function){

    case 0:
    case 1:                        /* ファンクション0,1:速度レベル=1*/
      first_run();                 /*  第1回目走行              */
      second_run(1);               /*  第2回目高速走行          */
      third_run(1);                /*  第3回目高速走行          */
      break;

    case 2:                        /* ファンクション2:速度レベル=2 */
      first_run();                 /*  第1回目走行              */
      second_run(2);               /*  第2回目高速走行          */
      third_run(2);                /*  第3回目高速走行          */
      break;

    case 3:                        /* ファンクション3:速度レベル=3 */
      first_run();                 /*  第1回目走行              */
      second_run(3);               /*  第2回目高速走行          */
      third_run(3);                /*  第3回目高速走行          */
      break;

    case 4:                        /* ファンクション4:速度レベル=4 */
      first_run();                 /*  第1回目走行              */
      second_run(4);               /*  第2回目高速走行          */
      third_run(4);                /*  第3回目高速走行          */
      break;

    case 5:                        /* ファンクション5:速度レベル=5 */
```

```c
      first_run();              /* 第1回目走行      */
      second_run(5);            /* 第2回目高速走行   */
      third_run(5);             /* 第3回目高速走行   */
      break;

    case 6:                     /* ファンクション6:速度レベル=6   */
      first_run();              /* 第1回目走行      */
      second_run(6);            /* 第2回目高速走行   */
      third_run(6);             /* 第3回目高速走行   */
      break;

    case 7:                     /* ファンクション7:速度レベル=7   */
      first_run();              /* 第1回目走行      */
      second_run(7);            /* 第2回目高速走行   */
      third_run(7);             /* 第3回目高速走行   */
      break;

    case 8:                     /* ファンクション8:速度レベル=8   */
      first_run();              /* 第1回目走行      */
      second_run(8);            /* 第2回目高速走行   */
      third_run(8);             /* 第3回目高速走行   */
      break;

    case 9:                     /* ファンクション9:速度レベル=9   */
      first_run();              /* 第1回目走行      */
      second_run(9);            /* 第2回目高速走行   */
      third_run(9);             /* 第3回目高速走行   */
      break;

    case 10:                    /* ファンクション10:速度レベル=10*/
      first_run();              /* 第1回目走行      */
      second_run(10);           /* 第2回目高速走行   */
      third_run(10);            /* 第3回目高速走行   */
      break;

    case 11:                    /* ファンクション11:デモ走行    */
#ifdef DEBUG
      wait_start_switch();
#endif
      beep(function-10);
      for(i=2;i<=10;i++){
        second_run(i);
      }
      break;

    case  12:                   /* ファンクション12:             */
      beep(function-10);        /*    ターン動作のチェック       */
      turn_check();
      break;

    case  13:                   /* ファンクション13:             */
      beep(function-10);        /*    モータ制御回路のチェック   */
      motor_check();
      break;

    case  14:                   /* ファンクション14:             */
      beep(function-10);        /*    センサ感度のチェック       */
      sensor_check();
      break;

    case  15:                   /* ファンクション15:             */
      beep(function-10);        /*    タイヤのメンテナンス       */
      tire_maintenance();
      break;

    default:
      break;
    }

  turbo_off();                  /* モータ　パワーダウン          */

     return  0;
}

/* ■ 走行路情報のイニシャライズ(第1回目走行時)━━━━━━━*/

int course_init_1(void)
{
  int i;

  /* ◆ 第1回目走行時,走行距離カウンタをクリア */
  for(i=0;i<=CONER_MAX  ;i++){
    count[i]=0;
  }

  course_out_counter = 0;       /* コースアウトカウンタ リセット  */
  course_out = ON_COURSE;       /* コースアウトフラグ 初期値セット */
  coner_marker_no = 0;          /* コーナーマーカナンバ初期値セット*/
  coner_marker = MARKER_OFF;    /* コーナーマーカフラグ初期値セット*/
  st_go_marker = MARKER_OFF;    /* ゴールマーカフラグ 初期値セット */
  goal_marker_counter = 0;      /* ゴールマーカの幅をゼロとする    */

  return  0;
}

/* ■ 走行路情報のイニシャライズ(第2,3回目走行時)━━━━━*/

int course_init_2(void)
{
  course_out_counter=0;         /* コースアウトカウンタ　リセット */
  course_out=ON_COURSE;         /* コースアウトフラグ 初期値セット*/
  coner_marker_no=0;            /* コーナーマーカナンバ初期値セット*/
  coner_marker  =MARKER_OFF;    /* コーナーマーカフラグ 初期値セット*/
  st_go_marker  =MARKER_OFF;    /* ゴールマーカフラグ 初期値セット*/
  goal_marker_counter=0;        /* ゴールマーカの幅をゼロとする   */

  return  0;
}

/* ■ 第1回目走行(走行距離カウンタに走行路情報を記憶しながら
                 走行する。)━━━━━━━━━━━━━━*/

int first_run(void)
{
  beep(1);                      /* 第1回目走行のメッセージ        */
  course_init_1();              /* 走行路情報のイニシャライズ     */

  int_flag=TRIM_ON;             /* 割り込みフラグ:トリミング      */
  ei();                         /* 割り込み許可                   */

  param_set(0);                 /* 走行パラメータのセット         */
  forward();                    /* モータ回転方向を前進にセット   */

  ctc23_init();                 /* CTCチャネル2,3イニシャライズ   */
  ctc_enable(speed_const,speed_const);  /* CTCチャネル2,3カウントスタート */

#ifdef  DEBUG
  wait_start_switch();
#endif

  turbo(TURBO_LO);              /* モータ制御電流をLowとする(省エネモード)*/
  timer(100);                   /* モータ制御電流の安定を待つ    */

  fgc_enable();                 /* FGC210スタート                 */

  /* スタートマーカを検出し,これを無視して通過する(40mm程度)     */
  while( st_go_marker == MARKER_OFF );  /* スタートマーカを検出するまで走行*/
  count_b=0;                    /* 距離カウンタ　クリア           */
  while( count_b < 50 );        /* スタートマーカを超えて走行する */
  st_go_marker = MARKER_OFF;    /* ゴールマーカを検出するための準備*/
  goal_marker_counter=0;        /* ゴールマーカの幅をゼロとする   */

  course_out=ON_COURSE;         /* コースアウトフラグ 初期値セット*/
  /* ゴールマーカを検出するまで走行する。ラインを見失った場合は停止する。*/
```

5.13 プログラミングとROM化

```c
  while( st_go_marker == MARKER_OFF ){
    if( course_out==NOT_ON_COURSE ){
      break;
    }
  }
  /* ゴールマーカを通過し,ロボトレーサが完全にゴールに入るまで,200mm程度走行する。*/
  fgc_obj_freq(180,1);       /* 目的の周波数                        */
  count_b=0;                 /* 距離カウンタ　クリア                  */
  while( count_b < 200 );    /* ゴールマーカを超えて走行する         */
  timer(5000);               /* ブレーキのためのタイマ                */

  di();
  fgc_disable();             /* FGC210ストップ                       */
  turbo_off();               /* モータ制御電流をゼロとする            */
  beep(10);                  /* スピーカドライブ(10回):走行終了メッセージ */

  if(course_out==NOT_ON_COURSE){
    while(1){
      beep(1);
    }
  }

  timer(30000);

  return  0;
}

/* ■ 第2回目走行─────────────────────────── */

int second_run(int function)
{
   beep(2);                  /* 第2回目走行のメッセージ              */
   course_init_2();          /* 走行路情報のイニシャライズ            */

   int_flag=TRIM_ON;         /* 割り込みフラグ:トリミング             */
   ei();                     /* 割り込み許可                         */

   param_set(function);      /* 走行パラメータのセット               */

   forward();                /* モータ回転方向を前進にセット         */

   ctc23_init();             /* CTCチャネル2,3イニシャライズ          */
   ctc_enable(speed_const,speed_const); /* CTCチャネル2,3カウントスタート */

#ifdef DEBUG
   wait_start_switch();
#endif

   turbo(TURBO_MID);         /* モータ制御電流をLowとする(省エネモード) */
   timer(100);               /* モータ制御電流の安定を待つ            */

   fgc_enable();             /* FGC210スタート                       */

   /* ◆ スタートマーカを検出し,これを無視して通過する(40mm程度) */
   while( st_go_marker == MARKER_OFF );  /* スタートマーカを検出するまで走行 */
   count_b=0;                /* 距離カウンタ　クリア                  */
   while( count_b < 50 );    /* スタートマーカを超えて走行する        */
   st_go_marker = MARKER_OFF; /* ゴールマーカを検出するための準備     */
   goal_marker_counter=0;    /* ゴールマーカの幅をゼロとする          */

   /* ◆ ゴールマーカを検出するまで走行する。ラインを見失った場合は停止する。*/
   while( st_go_marker == MARKER_OFF ){
     if( course_out==NOT_ON_COURSE ){
       break;
     }
   }
   /* ◆ ゴールマーカを通過し,ロボトレーサが完全にゴールに入るまで,200mm程度走行する。*/
   fgc_obj_freq(180,1);      /* 目的の周波数                        */
   count_b=0;                /* 距離カウンタ　クリア                  */
   while( count_b < 200 );   /* ゴールマーカを超えて走行する         */
   timer(5000);              /* ブレーキのためのタイマ                */

   di();
   fgc_disable();            /* FGC210ストップ                       */
   turbo_off();              /* モータ制御電流をゼロとする            */
   beep(10);                 /* スピーカドライブ(10回):走行終了メッセージ */

   if(course_out==NOT_ON_COURSE){
     while(1){
       beep(1);
     }
   }

   timer(30000);

   return  0;
}

/* ■ 第3回目走行─────────────────────────── */

int third_run(int function)
{
   beep(3);                  /* 第2回目走行のメッセージ              */
   course_init_2();          /* 走行路情報のイニシャライズ            */

   int_flag=TRIM_ON;         /* 割り込みフラグ:トリミング             */
   ei();                     /* 割り込み許可                         */

   param_set(function);      /* 走行パラメータのセット               */

   forward();                /* モータ回転方向を前進にセット         */

   ctc23_init();             /* CTCチャネル2,3イニシャライズ          */
   ctc_enable(speed_const,speed_const); /* CTCチャネル2,3カウントスタート */

#ifdef  DEBUG
   wait_start_switch();
#endif

   turbo(TURBO_MID);         /* モータ制御電流をLowとする(省エネモード) */
   timer(100);               /* モータ制御電流の安定を待つ            */

   fgc_enable();             /* FGC210スタート                       */

   /* ◆ スタートマーカを検出し,これを無視して通過する(40mm程度) */
   while( st_go_marker == MARKER_OFF );  /* スタートマーカを検出するまで走行 */
   count_b=0;                /* 距離カウンタ　クリア                  */
   while( count_b < 50 );    /* スタートマーカを超えて走行する        */
   st_go_marker = MARKER_OFF; /* ゴールマーカを検出するための準備     */
   goal_marker_counter=0;    /* ゴールマーカの幅をゼロとする          */

   /* ◆ ゴールマーカを検出するまで走行する。ラインを見失った場合は停止する。*/
   while( st_go_marker == MARKER_OFF ){
     if( course_out==NOT_ON_COURSE ){
       break;
     }
   }
   /* ◆ ゴールマーカを通過し,ロボトレーサが完全にゴールに入るまで,200mm程度走行する。*/
   fgc_obj_freq(180,1);      /* 目的の周波数                        */
   count_b=0;                /* 距離カウンタ　クリア                  */
   while( count_b < 200 );   /* ゴールマーカを超えて走行する         */
   timer(5000);              /* ブレーキのためのタイマ                */

   di();
   fgc_disable();            /* FGC210ストップ                       */
   turbo_off();              /* モータ制御電流をゼロとする            */
   beep(10);                 /* スピーカドライブ(10回):走行終了メッセージ */

   if(course_out==NOT_ON_COURSE){
     while(1){
       beep(1);
     }
   }
```

```c
  return  0;
}

/* ■ 走行パラメータのセット ─────────────── */

int param_set(int function)
{
  speed_const=sr_data[function][0]; /* CTCトリミングパラメータをセット(左右車輪同一回転数) */
  speed_trim_dec=sr_data[function][1]; /* トリミングパラメータをセット(左車輪回転数を下げる) */
  speed_trim_inc=sr_data[function][2]; /* トリミングパラメータをセット(左車輪回転数を上げる) */

  fgc_range_set(sr_data[function][3]); /* FGC加速レンジセット    */
  fgc_rate_set(sr_data[function][4]);  /* 加速レートセット       */
  fgc_now_freq(sr_data[function][5]);
                            /* 現在の周波数(起動時周波数) */
  fgc_obj_freq(sr_data[function][7], sr_data[function][8]);
                            /* 目的の周波数(一定速度)    */

  return  0;
}

/* ■ モータ回転方向のセット ─────────────── */
/* ◇ 前進 ◇─────────────────────── */
int forward(void)
{
  outp(MOTOR, FORWARD);
  return  0;
}

/* ◇ 後退 ◇─────────────────────── */
int back(void)
{
  outp(MOTOR, BACK);
  return  0;
}

/* ◇ 右転回 ◇──────────────────── */
int right_turn(void) {
  outp(MOTOR, R_TURN);
  return  0;
}

/* ◇ 左転回 ◇──────────────────── */
int left_turn(void)
{
  outp(MOTOR, L_TURN);
  return  0;
}

/* ■ センサ感度のチェック ──────────────── */

int sensor_check(void)
{
// wait_start_switch();

  while(1){
    if(inp(SENSOR) & SENSOR_MASK){
      beep(1);
    }
  }

  return  0;
}

/* ■ タイヤのメンテナンス ──────────────── */

int tire_maintenance(void)
{
// wait_start_switch();

  int_flag=TRIM_OFF;   /* 割り込みフラグ：トリミングOFF */
  ei();                /* 割り込み許可                */
  count_b=0;           /* 距離カウンタ  クリア         */

  speed_const    = sr_data[0][0];  /* トリミングパラメータをセット */
  speed_trim_dec = sr_data[0][1];
  speed_trim_inc = sr_data[0][2];

  fgc_range_set(10);           /* FGC加速レンジセット           */
  fgc_rate_set(12);            /* 加速レートセット              */
  fgc_now_freq(180,0);         /* 現在の周波数                 */
  fgc_obj_freq(1,3);           /* 1,2 目的の周波数             */
  forward();                   /* モータ回転方向を前進にセット   */
  ctc23_init();                /* CTCチャネル2,3イニシャライズ  */
  ctc_enable(speed_const, speed_const); /* CTCチャネル2,3 カウントスタート */

#ifdef  DEBUG
  wait_start_switch();         /* スタートスイッチが押されるまで待つ */
#endif

  turbo(TURBO_LO);             /* モータ制御電流をLowとする(省エネモード) */
  timer(1000);                 /* タイマ                       */
  fgc_enable();                /* FGC210スタート               */

  while(1);                    /* 永久ループ                   */

  di();
  fgc_disable();               /* FGC210ストップ               */
  turbo_off();

  return  0;
}

/* ■ モータ制御回路のチェック ─────────── */

int motor_check(void)
{
  int_flag=TRIM_OFF;   /* 割り込みフラグ：トリミングOFF */
  ei();                /* 割り込み許可                */
  count_b=0;           /* 距離カウンタ  クリア         */

  speed_const    = sr_data[0][0];  /* トリミングパラメータをセット */
  speed_trim_dec = sr_data[0][1];
  speed_trim_inc = sr_data[0][2];

  fgc_range_set(12);           /* FGC加速レンジセット   10     */
  fgc_rate_set(12);            /* 加速レートセット              */
  fgc_now_freq(180,0);         /* 現在の周波数                 */
  fgc_obj_freq(1,3);           /* 1,2 目的の周波数             */
  forward();                   /* モータ回転方向を前進にセット   */
  ctc23_init();                /* CTCチャネル2,3イニシャライズ  */
  ctc_enable(speed_const, speed_const); /* CTCチャネル2,3 カウントスタート */

#ifdef  DEBUG
  wait_start_switch();         /* スタートスイッチが押されるまで待つ */
#endif

  turbo(TURBO_LO);             /* モータ制御電流をLowとする(省エネモード) */
  timer(1000);                 /* タイマ                       */
  fgc_enable();                /* FGC210スタート               */

  /* ◇ 加速しながら前進方向に回転 ◇────────── */
  while(count_b < 1000 );

  /* ◇ 減速しながら前進方向に回転 ◇────────── */
  fgc_obj_freq(100,2);         /* 目的の周波数                 */
  count_b=0;                   /* 距離カウンタ  クリア         */
  while(count_b < 1000 );

  di();
  fgc_disable();               /* FGC210ストップ               */
  turbo_off();

  return  0;
```

5.13 プログラミングとROM化

```c
}

/* ■ ターン動作のチェック ─────────────── */

int turn_check(void)
{
#ifdef DEBUG
    wait_start_switch();    /* スタートスイッチが押されるまで待つ */
#endif
    turbo(TURBO_LO);        /* モータ制御電流をLowとする(省エネモード) */
    turn(R_TURN, RTURN);    /* 右回り90° ターン */
    turbo_off();

#ifdef DEBUG
    wait_start_switch();    /* スタートスイッチが押されるまで待つ */
#endif
    turbo(TURBO_LO);        /* モータ制御電流をLowとする(省エネモード) */
    turn(L_TURN, LTURN);    /* 左回り90° ターン */
    turbo_off();

#ifdef DEBUG
    wait_start_switch();    /* スタートスイッチが押されるまで待つ */
#endif
    turbo(TURBO_LO);        /* モータ制御電流をLowとする(省エネモード) */
    turn(R_TURN, UTURN);    /* 右回り180° ターン */
    turbo_off();

    return 0;
}

/* ■ ターン動作(極地転回) ─────────────── */

int turn(int turn_dir, int turn_value)   /* 回転方向, 回転パルス数 */
{
    int turn_half;

    motor_hold();                   /* モータをホールド */
    turn_half=turn_value/2;
    int_flag=TRIM_OFF;              /* 割り込みフラグ:トリミングOFF */
    ei();                           /* 割り込み許可 */
    count_b=0;                      /* 距離カウンタクリア */

    fgc_range_set(10);              /* FGC加速レンジセット */
    fgc_rate_set(12);               /* 加速レートセット */
    fgc_now_freq(180,0);            /* 現在の周波数 */
    fgc_obj_freq(1,3);              /* 1,2 目的の周波数 */
    outp(MOTOR, turn_dir);          /* モータ回転方向を前進にセット */
    ctc23_init();                   /* CTCチャネル2,3 イニシャライズ */
    ctc_enable(90,90);              /* CTCチャネル2,3 カウントスタート */
#ifdef DEBUG
    wait_start_switch();            /* スタートスイッチが押されるまで待つ */
#endif
    fgc_enable();                   /* FGC210スタート */

    /* ◇ 加速しながら回転 ◇ */
    while(count_b < turn_half );

    /* ◇ 減速しながら回転 ◇ */
    fgc_obj_freq(255,1);            /* 目的の周波数 */
    while(count_b < turn_value );

    di();
    fgc_disable();                  /* FGC210ストップ */

    motor_hold();                   /* モータをホールド */

    return 0;
}

/* ■ モータをホールドする ─────────────── */

int motor_hold(void)
{
    timer(1000);
}

/* ■ PIO,SIOイニシャライズ ─────────────── */

int io_initialize(void)
{
    /* ◇ PIOイニシャライズ ◇ */
    outp(PIO_A_C, CMD_BIT);         /* PIOコマンド(ビット制御) */
    outp(PIO_A_C, CMD_IO_A);        /* PIOコマンド(ビット入出力割当) */
    outp(PIO_B_C, CMD_BIT);         /* PIOコマンド(ビット制御) */
    outp(PIO_B_C, CMD_IO_B);        /* PIOコマンド(ビット入出力割当) */

    /* ◇ SIOイニシャライズ(SIOチャネルBをRS-232Cデバッグ用として使用)…9600bps ◇ */
    outp(SIOBC, 0);
    outp(SIOBC, 0x18);              /* (WR0) チャネルリセット */
    outp(SIOBC, 4);
    outp(SIOBC, 0x44);              /* (WR4) *1, ストップビット=1, パリティなし */
    outp(SIOBC, 1);
    outp(SIOBC, 0x00);              /* (WR1) 割込未使用 */
    outp(SIOBC, 5);
    outp(SIOBC, 0xea);              /* (WR5) 割込未使用 */
    outp(SIOBC, 3);
    outp(SIOBC, 0xc1);              /* (WR3) キャラクタ=8ビット, 受信許可 */

    return 0;
}

/* ■ CTCチャネル2,3 イニシャライズ ─────────── */
/*
 | モータのステアリング用としてカウンタモードで使用する。         |
 |   CTC2 --> 右側モータの回転数を与える。割り込み発生。         |
 |   CTC3 --> 左側モータの回転数を与える。ステアリング用。       |
                                                              */

int ctc23_init(void)
{
    /* ◇ CTCイニシャライズ(CTCチャネル2)---右側モータ ◇ */
    outp(CTC2, 0xfd);               /* 11111101B チャネル制御ワード */
                                    /*1 割り込みを発生する */
                                    /*1 カウンタモード */
                                    /*1 プリスケーラ:1/256 */
                                    /*1 エッヂ:立ち上がり */
                                    /*1 外部クロックにより自動起動 */
                                    /*1 次のコマンドは時間定数 */
                                    /*1 カウンタ動作停止 */
                                    /*1 チャネル制御ワード */

    /* ◇ CTCイニシャライズ(CTCチャネル3)---左側モータ ◇ */
    outp(CTC3, 0x7d);               /* 01111101B チャネル制御ワード */
}

/* ■ Z80CTCチャネル2,3 カウント スタート ─────── */

int ctc_enable(int time_const2, int time_const3)
{
    outp(CTC2, time_const2);        /* 時間定数ロード, カウント スタート */
    outp(CTC3, time_const3);        /* 時間定数ロード, カウント スタート */
}

/* ■ FGC210 コントロール ─────────────── */

/* ◇ レンジレジスタ ◇ */
int fgc_range_set(int range)
{
    outp(FGCD, range);              /* レンジデータ bit0…bit7 */
    outp(FGCC, 0xa0|0);             /* レンジレジスタアドレス or レンジデータ bit8…bit12 */
}

/* ◇ レートレジスタ ◇ */
```

第5章 ロボトレーサの製作

```c
int fgc_rate_set(int rate)
{
    /* ◇ rete は 0から0x1fまでの値をとりうる ◇ ─────── */

    outp(FGCD, 1);            /* レートデータ bit0…bit7              */
    outp(FGCC, 0x80|rate);    /* レートレジスタアドレス or レートデータ bit8…bit12 */
}

/* ◇ レートレジスタ セット ◇─────────────── */
int fgc_rate_set1(int rate1, int rate2)
{
    /* ◇ rete は 0から0x1fまでの値をとりうる ◇ ─────── */
    outp(FGCD, rate1);         /* レートデータ bit0…bit7              */
    outp(FGCC, 0x80|rate2);    /* レートレジスタアドレス or レートデータ bit8…bit12 */
}

/* ◇ 周波数レジスタ(初期値) ◇──────────────── */
int fgc_now_freq(int freq1, int freq2)
{
    outp(FGCD, freq1);         /* 周波数データ bit0…bit7              */
    outp(FGCC, 0x40|freq2);    /* 周波数レジスタアドレス or レートデータ bit8…bit12 */
}

/* ◇ 周波数レジスタ(目的値) ◇──────────────── */
int fgc_obj_freq(int freq1, int freq2)
{
    outp(FGCD, freq1);         /* 周波数データ bit0…bit7              */
    outp(FGCC, 0x60|freq2);    /* 周波数レジスタアドレス or レートデータ bit8…bit12 */
}

/* ◇ 周波数レジスタ(ダイレクトオブジェクトデータ) セット ◇── */
int fgc_direct_freq(int freq1, int freq2)
{
    outp(FGCD, freq1);         /* 周波数データ bit0…bit7              */
    outp(FGCC, 0x40|freq2);    /* 周波数レジスタアドレス or レートデータ bit8…bit12 */
}

/* ◇ パルス出力スタート ◇──────────────── */
int fgc_enable(void)
{
    outp(FGCC, 0x20);
}

/* ◇ パルス出力ストップ ◇──────────────── */
int fgc_disable()
{
    outp(FGCC, 0x00);
}

/* ■ ブザー ビープ ───────────────── */

int beep(int time1)
{
    int i;

    while(time1--){
        outp(SPK, (inp(SPK) & SPK_MASK)|SPK_ON );
        for(i=1;i<=BEEP_T;i++);
        outp(SPK, (inp(SPK) & SPK_MASK)|SPK_OFF );
        for(i=1;i<=BEEP_T1;i++);
    }

    return 0;
}

/* ■ スタートスイッチが押されるまで待つ ─────── */

int wait_start_switch(void)
{
    int i=10000;
    while(inp(PIO_B_D) & START_SW_MASK);
    while(i--);                /* チャタリング除去               */
}

/* ■ モータ電流コントロール   CTCチャネル0 ───── */
int turbo(int data)
{
    outp(CTC0, 0x07);          /* 00000111B チャネル制御ワード   */
                               /* 割り込み発生させない            */
                               /* タイマモード                    */
                               /* プリスケーラ:1/16               */
                               /* エッヂ:立ち上がり                */
                               /* システムクロックにより自動起動  */
                               /* 次のコマンドは時間定数          */
                               /* カウンタ動作停止                */
                               /* チャネル制御ワード              */
    outp(CTC0, data);          /* 時間定数,タイマスタート         */
}

/* ■ モータ電流コントロール(カットオフ) CTCチャネル0─── */

int turbo_off(void)
{
    outp(CTC0, 0x23);          /* 00100011B チャネル制御ワード   */
                               /* 割り込み発生させない            */
                               /* タイマモード                    */
                               /* プリスケーラ:1/256              */
                               /* エッヂ:立ち上がり                */
                               /* システムクロックにより自動起動  */
                               /* 次のコマンドは時間定数でない    */
                               /* カウンタ動作停止                */
                               /* チャネル制御ワード              */
}

/* ■ 割り込み (モード1)─────────────── */

void interrupt int1(void)
{
    if(int_flag==TRIM_ON){

        /* ◇ センサよりデータを入力 ◇ ─────── */
        sensor = inp(SENSOR) & SENSOR_MASK;

        /* ◇ コースを見失っていないかチェック ◇─── */
        if(sensor==0){
            course_out_counter++;  /* コースアウトカウンタ インクリメント */
            if(course_out_counter>30){
                course_out = NOT_ON_COURSE;
            }
        }

        /* ◇ パルス出力スタート ◇─────────── */
        /* (CTC2のカウント終了により割り込みを発生し,CTC3によりステアリング) */
                               /* ──── 以下,CTC3のコマンド ──── */
                               /* 0 割り込みを発生しない          */
                               /* 1 カウンタモード                */
                               /* 1 プリスケーラ:1/256            */
                               /* 1 エッヂ:立ち上がり             */
                               /* 1 外部クロックにより自動起動    */
                               /* 1 次のコマンドは時間定数        */
                               /* 0 カウンタ動作継続              */
                               /* 1 チャネル制御ワード            */
                               /* 以上より,コマンドは 01111101b=7dH */
        outp(CTC3, 0x7d);

        /* (センサの状態により修正方向/修正量を決定し,トリミングを行う) */
```

名称	ビット	割当て
GS	0	ゴール/スタートセンサ
LS1	1	ラインセンサ 右外
LS2	2	ラインセンサ 右内

5.13 プログラミングとROM化

```
| LS3 | 3 | ラインセンサ 左内  |
| LS4 | 4 | ラインセンサ 左外  |
| MS  | 5 | マーカセンサ       |
                                  */
/*
| 7 | 6 | 5  | 4   | 3   | 2   | 1   | 0  |
|   |   | MS | LS4 | LS3 | LS2 | LS1 | GS |
                                              */
/*
| ***0 110*  0x0c | コース中央:トリミング不要                      |
| ***1 110*  0x1c | 左車輪を低速→左に軌道修正(修正量少 dec   )     |
| ***1 100*  0x18 | 左車輪を低速→左に軌道修正(修正量中 dec+4)     |
| ***1 000*  0x10 | 左車輪を低速→左に軌道修正(修正量大 dec+8)     |
| ***0 111*  0x0e | 左車輪を高速→右に軌道修正(修正量少 inc   )    |
| ***0 011*  0x06 | 左車輪を高速→右に軌道修正(修正量中 inc-4)     |
| ***0 001*  0x02 | 左車輪を高速→右に軌道修正(修正量大 inc-8)     |
| ***0 000*  0x00 | コースから完全にはずれている。(トリミングしない) |
| ****  ***1      | ゴールマーカ検出                              |
| **1*  ****      | コーナマーカ検出                              |
                                                               */

  switch( sensor & 0x1e ){    /* 00011110B                */
    case 0x0c:
      outp(CTC3, speed_const);
      break;
    case 0x1c:
      outp(CTC3, speed_trim_dec);
      break;
    case 0x18:
      outp(CTC3, speed_trim_dec+4);
      break;
    case 0x10:
      outp(CTC3, speed_trim_dec+8);
      break;
    case 0x0e:
      outp(CTC3, speed_trim_inc);
      break;
    case 0x06:
      outp(CTC3, speed_trim_inc-4);
      break;
    case 0x02:
      outp(CTC3, speed_trim_inc-8);
      break;
    case 0x00:
      outp(CTC3, speed_const);
      break;
    default:
      outp(CTC3, speed_const);
      break;
  }

  /* ◇ コーナマーカのみ検出した場合 ◇―――――       */
  if( !(sensor & 0x01) && (sensor & 0x20) ){
    coner_marker_counter++;
  }
  if( !(sensor & 0x01) && !(sensor & 0x20) ){
    coner_marker_counter=0;
  }
  if( coner_marker_counter >= MARKER_WIDTH ){
    count[coner_marker_no] = count_b;
    coner_marker_no++;
  }

  /* ◇ ゴールマーカのみ検出した場合 ◇―――――        */
  if( (sensor & 0x01) && !(sensor & 0x20) ){
    goal_marker_counter++;
  }

  /* ◇ ゴールマーカ && コーナマーカ → 十字路と判断 ◇――― */
  if( (sensor & 0x01) &&  (sensor & 0x20) ){
    goal_marker_counter=0;
  }

  if( goal_marker_counter >= MARKER_WIDTH ){
    st_go_marker=MARKER_ON;
  }
}
  count_b++;                /* 走行カウンタインクリメント    */
}
/* ■ 汎用ソフトウェアタイマ ――――――――       */
int timer(int time)
{
  int i;

  for(i=0; i<=time; i++);

  return 0;
}

/* ■ 1バイトから1ビットを抽出する。(ザイログニーモニックのbitに相当) デバッグ用 ― */

int get_bit_1(int b, int p)
{
  return ((b>>p) & 0x0001);
}

/* ■ 任意の位置のビットをセットする。(ザイログニーモニックのsetに相当) デバッグ用 ― */
/*
int set_bit(int l, int m, int n)
{
  return( 1 | (~(~0<<(m+1)) & (~0<<(n))));
}

int set_bit_1(int l, int m)
{
  return(1|(~(~0<<(4-m+1)) & (~0<<(4-m))));
}
                                                    */

/* ■ 任意の位置のビットをリセットする(ザイログニーモニックのresに相当) デバッグ用 ―*/
/*
int reset_bit(int l, int  m, int n)
{
  return( 1 & (~(~0<<(m+1)) | (~0<<(n))));
}
                                                    */
/* ―――――――――――――――――――――
End Of File
                                                    */
```

付　　録

1. ロボトレース競技規定

ロボトレース競技とはロボットに定められた周回コースを走行させ，そのスピードを競う競技である．ここに出場するロボットをロボトレーサと呼ぶ．

1. ロボトレースに関する規定

1.1 ロボトレーサは自立型でなければならない．スタートの操作を除き，有線，無線を問わず外部からの一切の操作を行ってはならない．

1.2 ロボトレーサは，競技中に操作者により，ハードウェアおよびソフトウェアの追加，取り外し，交換，変更を受けてはならない．ただし，軽微な修理・調整は許される．

1.3 ロボトレーサの大きさは全長25cm，全幅25cm，全高20cm以内でなければならない．

2. コースに関する規定

2.1 コースの走行面は黒色とし，コースは，幅1.9cmの白色のラインで示される．

2.2 コースは，直線と円弧の組合せにより構成された連続した周回コースであり，最小回転半径は15cmとする．

2.3 円弧の曲率半径は，15cm以上とする．また，曲率変化点間の距離は15cm以上とする．

2.4 コースの長さは，1周60m以下とする．また，コースは交差することがある．（交差の角度は90度±5度）（図1参照）ただし，その交差上で，左右折することは許されない．

2.5 スタートライン及びゴールラインは周回コース直線部分に存在し，ゴールラインはスタートラインの後方1mとする．コースの進行方向右側のスタートライン及びゴールライン上にはスタートマーカー及びゴールマーカーが貼付されている．スタートライン及びゴールライン上にはスタートゲート及びゴールゲートが置かれている．各ゲートの内のりは，幅40cm，高さ25cmとする．ゲート間をスタート・ゴールエリアと呼ぶ．（図2, 3, 4参照）

2.6 スタートライン，ゴールラインおよび交差点の前後25cmは，コースは直線とする．

2.7 コースの曲率が変化する地点には，進行方向左側の定められた位置（図5参照）にコーナーマーカーが貼付されている．

2.8 コースの走行面は通常水平とするが部分的には最大5度の傾斜がある場合があるものとする．

3. 競技に関する規定

3.1 ロボトレーサが周回走行に要した最短の時間をそのロボトレーサの周回走行時間記録とする．

3.2 操作者はコースが公開された後でコースに関する情報をロボトレーサに入力してはならない．また競技中にスイッチ操作等で，コースに関する情報を修正，あるいは部分的に消去することはできない．

3.3 周回走行時間の測定はスタートライン上のセンサがロボトレーサの本体の一部をセンスしてから，ゴールライン上のセンサが同じロボトレーサの本体の一部をセンスする間を計測する．ただし，ロボトレーサの本体の全てがゴールラインを通過しなければ，計測された周回走行時間は記録として認められない．

3.4 ロボトレーサは，3分間の持ち時間を有し，この間3回までの走行をすることができる．

3.5 走行は原則として毎回コース上に定められたスタート・ゴールエリア内より指定された方向に対して開始するものとする．ただし，その回の周回走行後継続して次の周回走行を行うことができる．

3.6 ロボトレーサは周回走行後，スタート・ゴールエリア内に自動停止し，かつ2秒以上停止しなければならない．

3.7 操作者は競技委員長の指示，または走行中止の許可がない限り走行中のロボトレーサに触れてはならない．競技委員長はロボトレーサが停止，コースアウトまたは走行不能となった場合，走行中止の申し出を認める．

3.8 走行中のロボトレーサ本体がライン上から完全に離れた場合コースアウトとみなし，その回の走行を無効とするものとする．

3.9 競技場の照明，温度，湿度は通常の室内環境とする．照明の調整に関する申し出は受け付けられない．

3.10 競技委員長は必要と認めた場合，操作者に対してロボトレーサについての説明を求めることができる．また，競技委員長の判断で走行の中止，または失格の宣言その他必要な措置を講ずることができる．

[注意]

(1) 競技中にプログラムのローディングおよびROM交換を行うことは許されない．また，競技中にロボトレーサを，

1. ロボトレース競技規定

本体とは独立した開発装置やコンソールボックスと接続して，プログラム実行に関する指示を与えることも禁止される。

(2) ロボトレーサが周回走行を行い，ゴールラインを通過してもスタート・ゴールエリア内に自動停止しなければ，その回の走行記録は無効とする。

(3) コースは，曲率の変化する円弧が連続する場合もある。(図5参照)

(4) コースは1mm程度の段差が生じることがある。

(5) スタートライン及びゴールライン上のセンサについて（図3に示されている）
　　種類：透過型赤外線センサ
　　光軸は水平であり，床面より約1cmの高さにある。

(6) 路面のグリップに対する申し出は受け付けられない。

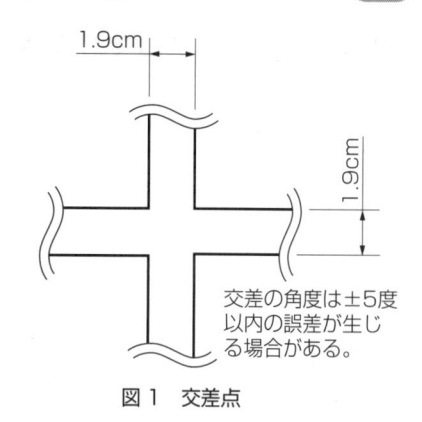

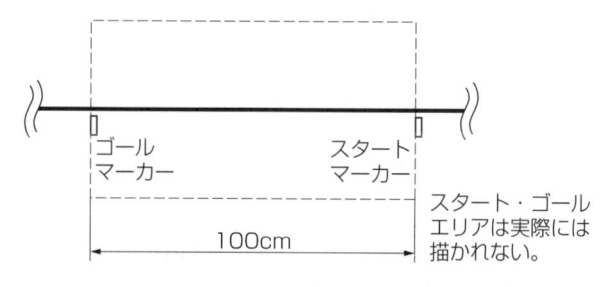

交差の角度は±5度以内の誤差が生じる場合がある。

図1　交差点

図2　スタート・ゴールエリア付近

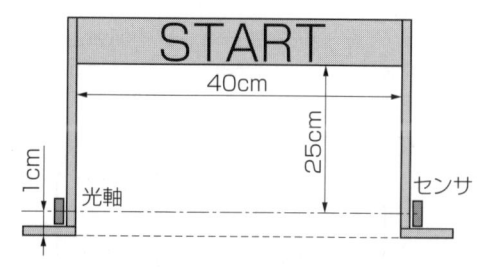

図3　スタート・ゴールゲート

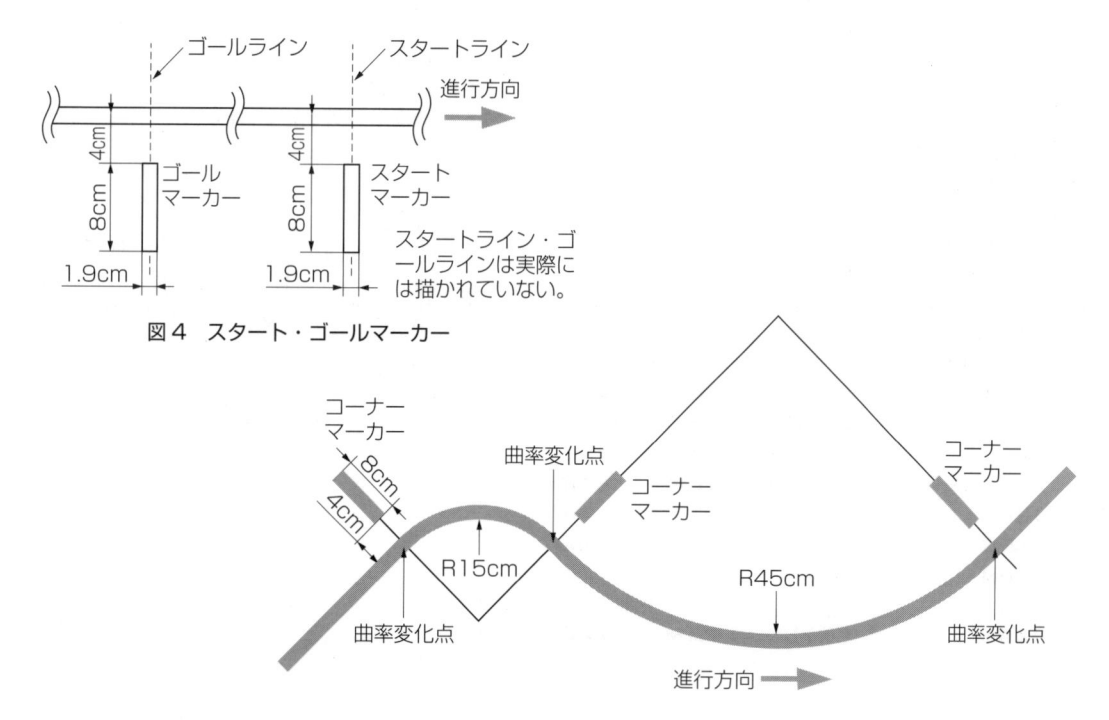

図4　スタート・ゴールマーカー

図5　曲率半径の変化する点（曲率変化点）

付録

2. 全日本マイクロマウス大会記録

第7回 全日本マイクロマウス大会
会期：1986年12月6日～7日，13日～14日
会場：科学技術館
競技：マイクロマウス競技（予選・決勝）
　　　エキスパートビートル競技
　　　エキスパートビートル・シミュレーション競技
　　　ロボトレース競技

ロボトレース競技結果　エントリー15台／出走13台／完走8台

順位	製作者名	ロボット名	記録	備考
1	武田玄	ゲンキくん	1'10"60	最優秀賞
2	柴田肇	ケンタッキー	1'16"18	優秀賞
3	鈴木源太郎	ロボすけ	1'12"46	
4	大坪征司	ミロン号	1'26"96	
5	田中崇	ジュニボット	1'29"98	
6	的場章郎	的場号	1'32"41	

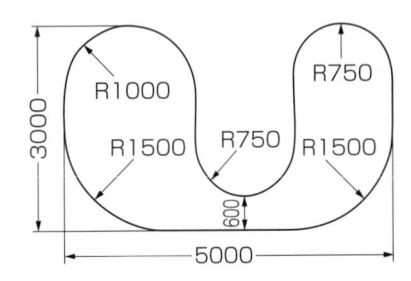

第8回 全日本マイクロマウス大会
会期：1987年11月15日，21日～23日
会場：科学技術館
競技：マイクロマウス競技（予選・決勝）
　　　エキスパートビートル競技
　　　エキスパートビートル・シミュレーション競技
　　　ロボトレース競技

ロボトレース競技結果　エントリー21台／出走17台／完走13台

順位	製作者名	ロボット名	記録	備考
1	芝浦工業大学電気工学科	この変な奴	0'18"43	最優秀賞
2	WMMC	川崎くんスーパーらいと	0'38"18	奨励賞
3	テイク・スペシャル	びっぐたろう	1'13"05	ナムコ賞
4	藤村信良	K.I.T.T.	1'19"96	奨励賞
5	鈴木隆広	PO（ぽ）	1'19"53	奨励賞
6	平田直樹	二ツ目こうぞう	1'23"40	
	鈴木源太郎	マイケル	1'18"38	参考記録／努力賞
	神永智子	（名前なし）	2'21"88	努力賞

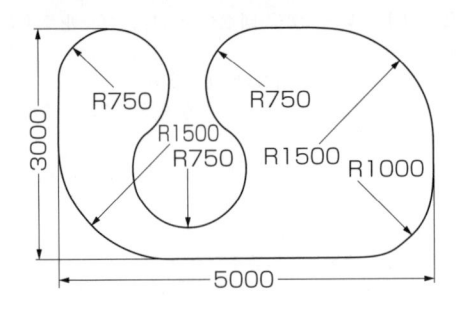

第9回 全日本マイクロマウス大会
会期：1988年11月26日～27日
会場：いすゞ自動車株式会社研修センター
競技：マイクロマウス競技（予選・決勝）
　　　エキスパートビートル競技
　　　エキスパートビートル・シミュレーション競技
　　　ロボトレース競技
　　　フリースタイル・デモンストレーション

ロボトレース競技結果　エントリー5台／出走5台／完走1台

順位	製作者名	ロボット名	記録	備考
1	芝浦工業大学電気工学科	ライントレースロボット	0'16"13	
	西村輝一	マイクロあらいぐま		リタイヤ
	新潟県立新潟工業高等学校電気部	NTR-1		リタイヤ
	芝浦工業大学電気工学科	オウオウ号		リタイヤ
	芝浦工業大学電気工学科	綿谷号		リタイヤ

（最優秀賞／奨励賞／ナムコ賞　該当者なし）

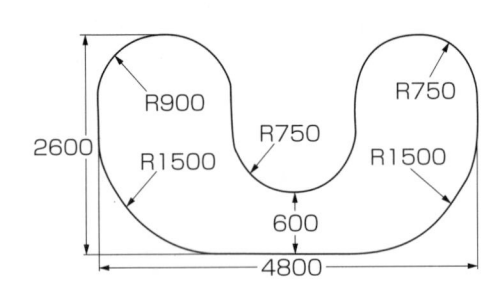

2. 全日本マイクロマウス大会記録

第10回　全日本マイクロマウス大会

会期：1989年11月23日，25日～26日
会場：科学技術館
競技：マイクロマウス競技（予選・決勝）
　　　エキスパートビートル競技
　　　エキスパートビートル・シミュレーション競技
　　　ロボトレース競技
　　　ロボトレース競技（ジュニア部門）
ロボトレース競技結果　エントリー5台／出走5台／完走5台

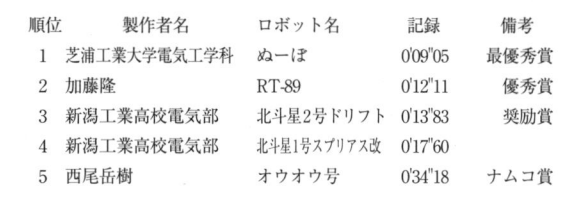

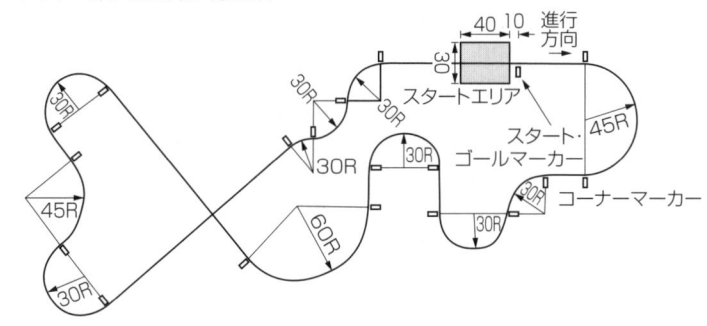

順位	製作者名	ロボット名	記録	備考
1	芝浦工業大学電気工学科	ぬーぽ	0'09"05	最優秀賞
2	加藤隆	RT-89	0'12"11	優秀賞
3	新潟工業高校電気部	北斗星2号ドリフト	0'13"83	奨励賞
4	新潟工業高校電気部	北斗星1号スプリアス改	0'17"60	
5	西尾岳樹	オウオウ号	0'34"18	ナムコ賞

第11回　全日本マイクロマウス大会

会期：1990年11月23日，25日～26日
会場：科学技術館
競技：マイクロマウス競技（予選・決勝）
　　　エキスパートビートル競技
　　　エキスパートビートル・シミュレーション競技
　　　ロボトレース競技
　　　ロボトレース競技（ジュニア部門）
ロボトレース競技結果　エントリー5台／出走5台／完走5台

順位	製作者名	ロボット名	記録	備考
1	市川英弘	ぬーぽ2	0'15"41	
2	三浦達郎（芝浦工業大学電気工学科）	ジョン・ベンソン	0'25"43	
3	小田・柳沢（芝浦工業大学高沢ゼミ）	わすれんぼヤナビー！	0'26"51	
4	伊藤直高（芝浦工業大学電気工学科）	不老林・チョイナー	0'28"66	敢闘賞
	平山・渡辺科（工学院大学機械工学）	NORITOMO & OSAMUスペシャル'90	リタイヤ	
	岩渕美津則（工学院大学機械工学）	岩渕	リタイヤ	
	西村輝一	SHUN8	リタイヤ	

第12回　全日本マイクロマウス大会

会期：1991年11月23日～24日
会場：大森ベルポート・アトリウム
競技：マイクロマウス競技（エキスパートクラス）予選・決勝
　　　マイクロマウス競技（フレッシュマンクラス）
　　　エキスパートビートル・シミュレーション競技
　　　ロボトレース競技
ロボトレース競技結果　エントリー17台／出走15台／完走6台

順位	製作者名	ロボット名	記録	備考
1	市川英弘	ぬーぽ・Z	0'16"48	
2	岩田幸雄（芝浦工業大学高沢ゼミ）	大黒屋宗兵衛	0'45"83	
3	西村輝一	Shun 9-R	0'46"86	ナムコ賞
4	岡町基博（芝浦工業大学電気工学科）	おとうさん1号	1'10"88	
5	岩渕美津則（工学院大学自動制御研究室）	岩渕次郎	1'16"33	メカニズム賞
6	井沢隆	PETPE5	1'46"65	

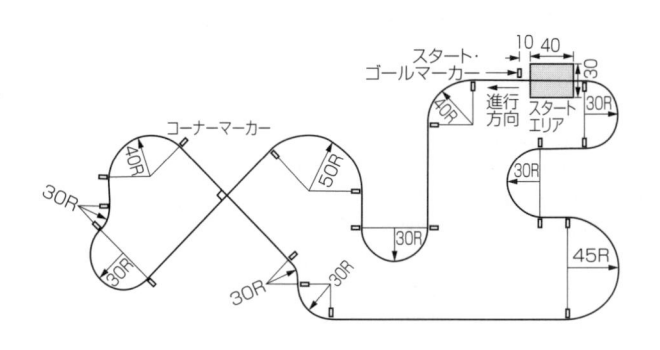

付　録

第13回　全日本マイクロマウス大会
会期：1992年11月21日～23日
会場：科学技術館
競技：マイクロマウス競技（エキスパートクラス）予選・決勝
　　　マイクロマウス競技（フレッシュマンクラス）
　　　エキスパートビートル・シミュレーション競技
　　　ロボトレース競技
　　　マイクロクリッパー競技

ロボトレース競技結果　エントリー27台／出走25台／完走12台

順位	製作者名	ロボット名	記録	備考
1	市川英弘	ぬーぼ・Final	0'18"00	
2	滝沢真央 (芝浦工業大学電気工学科)	MAO	0'34"93	
3	近藤昌己 (新潟コンピュータ専門学校)	K-2	0'52"41	
4	遠藤・福山 (工学院大学機械工学科)	TURBO-B++	0'55"93	敢闘賞
5	西村輝一	Shun 10R	0'58"96	
6	岡村啓輔 (新潟コンピュータ専門学校)	Pu-X	1'11"61	
10	荒井隆幸 (芝浦工業大学電気工学科)	うねうね	3'02"95	ナムコ賞
12	遠藤・本間 (新潟コンピュータ専門学校)	とっても遅いぞ号	4'41"41	コンパクト賞

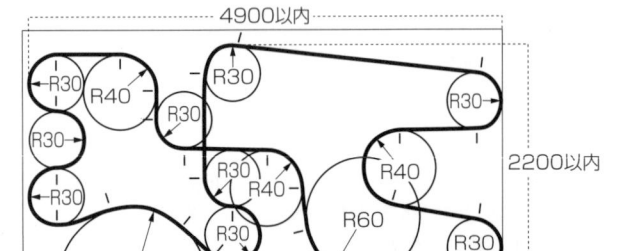

第14回　全日本マイクロマウス大会
会期：1993年11月27日～28日
会場：科学技術館
競技：マイクロマウス競技（エキスパートクラス）予選・決勝
　　　マイクロマウス競技（フレッシュマンクラス）
　　　マイクロクリッパー競技
　　　ロボトレース競技
　　　ロボトレース競技（ジュニア部門）

ロボトレース競技結果　エントリー34台／出走33台／完走22台

順位	製作者名	ロボット名	記録	備考
1	近藤昌己 (新潟コンピュータ専門学校)	Kグリ40SP	0'16"71	
2	岡村啓輔 (新潟コンピュータ専門学校)	BACK TO BASIC 1	0'17"93	
3	計良・長谷川 (新潟コンピュータ専門学校)	RT おこのみ100	0'21"35	
4	滝沢真央 (芝浦工業大学電気工学科)	いでぴー	0'21"61	特別賞
5	熊倉者夫 (新潟コンピュータ専門学校)	2メカトロ3号	0'2"55	
6	引田修 (芝浦工業大学電気工学科)	ヌルハチ	0'27"20	
12	井藤功久 (東京電機大学電子工学科)	COALA-93B	0'40"35	特別賞
19	松井健夫 (WMMC)	PURE RAIN	1'15"00	特別賞
21	外崎・上野 (工学院大学自動制御研究室)	司	2'43"50	ナムコ賞

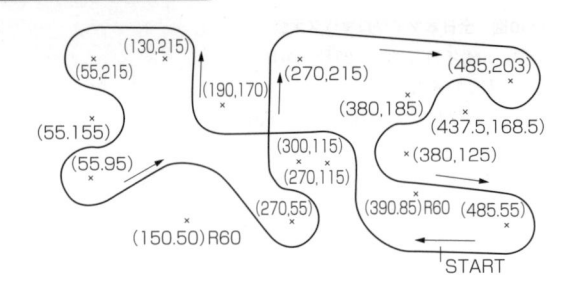

第15回　全日本マイクロマウス大会
会期：1994年11月26日～27日
会場：科学技術館
競技：マイクロマウス競技（エキスパートクラス）予選・決勝
　　　マイクロマウス競技（フレッシュマンクラス）
　　　マイクロクリッパー競技
　　　ロボトレース競技

ロボトレース競技結果　エントリー35台／出走32台／完走18台

順位	製作者名	ロボット名	記録	備考
1	磯谷・金沢 (新潟コンピュータ専門学校)	はやぶさくん	0'14"56	
2	久保裕 (新潟コンピュータ専門学校)	TURTLE	0'14"89	
3	武田・橘 (新潟コンピュータ専門学校)	STIII	0'16"02	
4	西山大輔 (新潟コンピュータ専門学校)	TR2	0'17"16	
5	橋本真樹 (新潟コンピュータ専門学校)	陰蔽君Z	0'18"36	
6	石井智久 (新潟コンピュータ専門学校)	パクパク君	0'18"36	技術賞
12	竹腰昇	Junkey 2000 XVO	0'26"32	技術賞
18	草木就一 (工学院大学機械工学科)	ひでかず	1'24"15	ナムコ賞

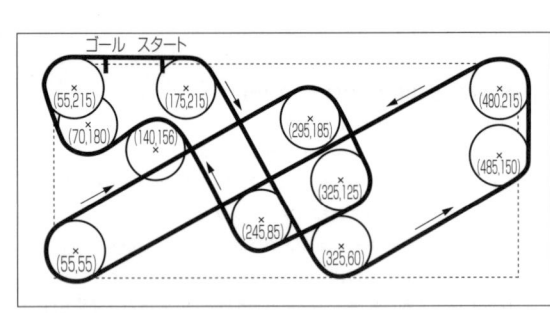

※単位はcm
※Rの指定無き円弧の曲率半径はR30cm

2. 全日本マイクロマウス大会記録

第16回 全日本マイクロマウス大会

会期：1995年11月25日～26日
会場：科学技術館
競技：マイクロマウス競技（エキスパートクラス）予選・決勝
　　　マイクロマウス競技（フレッシュマンクラス）
　　　マイクロクリッパー競技
　　　ロボトレース競技
　　　ロボトレース競技（ジュニア部門）

ロボトレース競技結果　エントリー51台／出走49台／完走15台

順位	製作者名	ロボット名	記録	備考
1	岩井 淳	MIKA 1	0'17"32	
2	Han Ki-Heng（韓国、Ajou大学X-TAL）	Ba Ram Dol Ri	0'17"34	ニューテクノロジー賞
3	小林保仁（名古屋工学院専門学校）	沈黙のバギー	0'20"31	
4	田村繁甲（京葉工業マイコン研究部）	MINI COOPER	0'20"58	
5	浅野真友（栃木県立佐野松陽高校）	佐野松陽II号	0'23"68	
6	本間常典（新潟コンピュータ専門学校）	はやぶさくん	0'24"68	
13	林寛之（名古屋工学院専門学校）	T2	0'33"92	ナムコ賞
14	飯野正（芝浦工大春日研）	DC郎	0'38"40	敢闘賞
	新谷勇二（ポリテクカレッジ小山）	ポリデッグ072号	リタイヤ	奨励賞

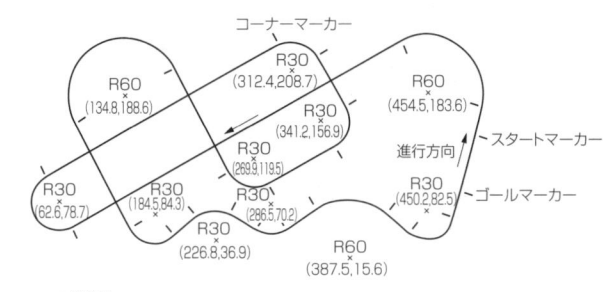

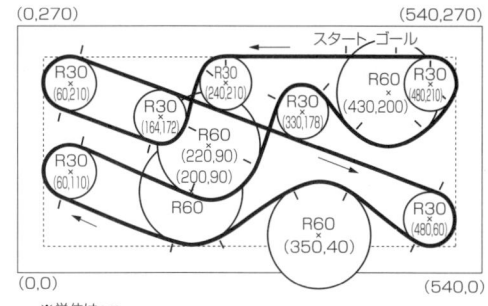

※単位はcm
※コースは黒地に白のラインとする

第17回 全日本マイクロマウス大会

会期：1996年11月16日～17日
会場：科学技術館
競技：マイクロマウス競技（エキスパートクラス）予選・決勝
　　　マイクロマウス競技（フレッシュマンクラス）
　　　ロボトレース競技
　　　ロボトレース競技（ジュニア部門）
　　　マイクロクリッパー競技

ロボトレース競技結果　エントリー67台／出走56台／完走36台

順位	製作者名	ロボット名	記録	備考
1	西潟貴志（新潟コンピュータ専門学校）	伊藤園	0'16"38	
2	岩井淳	MIKA3T	0'16"52	
3	藤野一樹（新潟コンピュータ専門学校）	かずぴー号	0'17"42	
4	丸山隆義（名古屋工学院専門学校）	アフロディーテMkII	0'17"50	
5	清野勝（新潟コンピュータ専門学校）	ハヤブサくん	0'17"88	
6	坂爪寛樹（新潟コンピュータ専門学校）	ボンバーマンズ	0'18"58	
10	今村芳郎（ACT）	かめII号	0'19"76	敢闘賞
14	本間厚志（川谷研究室）	NG-Kal-Rot II	0'23"08	ニューテクノロジー賞
19	佐藤元昭（京葉工業高校マイコン部）	豪号	0'25"20	高校生最優秀賞
22	矢ケ崎真（狭山工業高校電子機械科）	OZT	0'26"45	技術奨励賞
24	浅野真友（佐野松陽高校）	佐野松陽高校A	0'26"85	ナムコ賞

第18回 全日本マイクロマウス大会

会期：1997年11月22～24日
会場：大田区産業プラザ（Pio）
競技：マイクロマウス競技（エキスパートクラス）予選・決勝
　　　マイクロマウス競技（フレッシュマンクラス）
　　　ロボトレース競技
　　　マイクロクリッパー競技

ロボトレース競技結果　エントリ87台／出走70台／完走39台

順位	製作者名	ロボット名	記録	備考
1	若月大和（新潟コンピュータ専門学校）	WA-01-GURIFON	0'16"56	
2	小田利延（新潟コンピュータ専門学校）	ラスピアリス	0'16"95	
3	谷内田茂成（新潟コンピュータ専門学校）	シゲビー	0'17"71	
4	永井一史（新潟コンピュータ専門学校）	伊藤園ver1.6	0'17"76	
5	池裕厚（新潟コンピュータ専門学校）	Black Knight	0'18"05	
6	Yong-Joon Chang（KOREA Ajou Univ.X-TAL）	Negamza	0'18"91	
8	丸山貴弘	MIRAGE-1号	0'19"18	技術賞
20	加邊直樹（芝浦工業大学春日研究室）	赤城一郎太	0'22"20	ニューテクノロジー賞
38	杉本隆昭	MR0	0'38"84	ナムコ賞
	那須将哉（蔵王高校情報機械科）	NOKO.1号	リタイヤ	奨励賞

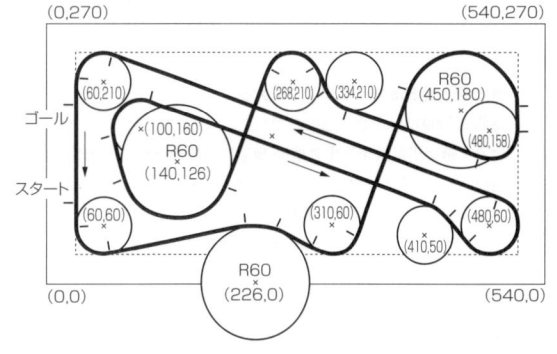

※単位はcm
※Rの指定無き円弧の曲率半径はR30cm
※コースは黒地に白のライン

第19回　全日本マイクロマウス大会

会期：1998年11月21〜22日，23日
会場：科学技術館2階
競技：マイクロマウス競技（エキスパートクラス）予選・決勝
　　　マイクロマウス競技（フレッシュマンクラス）
　　　ロボトレース競技
　　　ロボトレース競技（ジュニア部門）
　　　マイクロクリッパー競技

ロボトレース競技　エントリ84台／出走73台／完走35台

順位	製作者名	ロボット名	記録	備考
1	池裕厚（新潟コンピュータ専門学校）	White Knight	0'15"65	
2	土井浩之（芝浦工大春日研）	T-193 Take2	0'16"69	
3	長谷川智義（新潟コンピュータ専門学校）	若月号	0'16"76	
4	花岡信也（新潟コンピュータ専門学校）	雄型	0'17"56	
5	片桐康浩（新潟コンピュータ専門学校）	井上科学技術開発センターエボ40	0'18"52	
6	竹之内敬志（新潟コンピュータ専門学校）	ダークエンペラー	0'18"68	
14	畠山和昭（狭山工業高校電子機械科）	狭山工業高校1	0'23"80	特別賞
17	hee jin choi (KOREA, Ajou Univ. X-TAL)	MAX II+	0'24"63	ニューテクノロジー賞
22	海老沼龍太（栃工機械科）	ニコラスGO！	0'30"78	ナムコ賞
23	竹内康二（小山職業能力開発短期大学校神野研）	カメックスα	0'31"10	特別賞
34	近藤舞（芝浦工大春日研）	POLON	0'50"44	特別賞

第20回　全日本マイクロマウス大会

会期：1999年11月20〜21日，23日
会場：神奈川県横須賀市久里浜 横須賀市教育研究所／南体育館
競技：1．マイクロマウス競技（エキスパートクラス）予選・決勝
　　　2．マイクロマウス競技（フレッシュマンクラス）
　　　3．ロボトレース競技　予選・決勝
　　　4．ロボトレース競技（ジュニア部門）
　　　5．マイクロクリッパー競技

ロボトレース競技　エントリー47台／出走47台／完走33台

順位	製作者名	ロボット名	記録	備考
1	平松慎司（新潟コンピュータ専門学校）	MS2-1	0'14"351	横須賀市長賞
2	Park Chul Hong (KOREA, A-Jou Univ. X-TAL)	GAZILONG-99	0'14"394	
3	谷内田茂成（新潟コンピュータ専門学校）	White Knight	0'14"748	
4	藤田斉（新潟コンピュータ専門学校）	T TYPE-N	0'14"893	
5	落田明康（新潟コンピュータ専門学校）	ブルーサイン	0'15"045	
6	井上良平（新潟コンピュータ専門学校）	Friedrich	0'15"814	
10	土井浩之	T-193	0'17"839	特別賞
17	三木友美（狭山工業高校）	サンライズパワー	0'21"391	ナムコ賞
21	後藤豪志（狭山工業高校）	港のヨーコ・ヨコハマ・ヨコスカ	0'23"961	優秀賞
27	今田祐司（芝浦工大春日研）	u-g2000	0'31"262	ニューテクノロジー賞

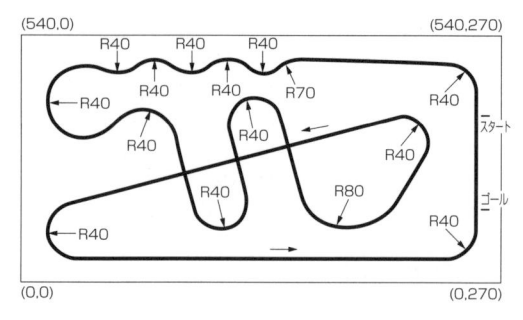

マイクロマウス2000（第21回　全日本マイクロマウス大会）

会期：2000年11月23日，25〜26日
会場：科学技術館2階
競技：マイクロマウス競技（エキスパートクラス）予選・決勝
　　　マイクロマウス競技（フレッシュマンクラス）
　　　ロボトレース競技　予選・決勝
　　　ロボトレース競技（ジュニア部門）
　　　マイクロクリッパー競技

ロボトレース競技　エントリー33台／出走33台／完走21台

順位	製作者名	ロボット名	記録	備考
1	Korea, ZETIN (Univ. of Seoul)	KKOMA　Tae Hee Cho	0'15"67	
2	平松慎司（新潟コンピュータ専門学校）	MS4-13	0'16"93	
2	近洋介（新潟コンピュータ専門学校）	T-Final-Version	0'17"09	
3	谷内田茂成（新潟コンピュータ専門学校）	Conversion II	0'17"11	
4	Ha Chang-hun (Korea, X-tal(Ajou Univ.))	Near-Car 2000	0'17"28	
5	Kim Kab Kyoum (Korea, X-tal(Ajou Univ))	Kab dol-2	0'17"62	
6	駒形太一（新潟コンピュータ専門学校）	T-Amok	0'19"06	
7	福富大輔（作新学院高等部電子技術部）	MOKO II	0'20"21	ニューテクノロジー賞
8	高橋和樹	ミレII	0'20"32	ナムコ賞
15	畠山和昭（埼玉県立狭山工業高校）	狭山工業高校3	0'33"39	特別奨励賞
17	久世貴文（千葉工業高等学校）	ミスターCB'R	0'46"55	奨励賞
18	鈴木睦（千葉県立南葉工業高等学校）	とろとろ君MK-III	0'48"04	奨励賞
	浅野俊昭（千葉県立清水工業高等学校）	オコジョ7号	リタイヤ	特別奨励賞
	蝶野宏明（静岡県立浜松工業高校）	召使いI号	リタイヤ	特別奨励賞

「MS4-13」「T-Final-Version」は同一グループにより製作された技術的に類似性の高いロボットであるとし，今回は2台で第二位を分け合うことにした。

2. 全日本マイクロマウス大会記録

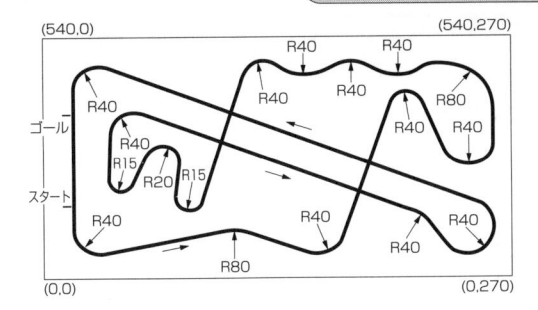

マイクロマウス2001（第22回　全日本マイクロマウス大会）
会期：2001年8月25日
会場：神奈川県横須賀市久里浜 横須賀市教育研究所／南体育会館
競技：マイクロマウス競技（エキスパートクラス）予選・決勝
　　　マイクロマウス競技（フレッシュマンクラス）
　　　ロボトレース競技　予選・決勝
　　　ロボトレース競技（ジュニア部門）
　　　マイクロクリッパー競技

ロボトレース競技　エントリー37台／出走37台／完走35台

順位	製作者名	ロボット名	記録	備考
1	Jang-Yeab (Park Korea, Kyungil Univ.)	KANKUALRAI	00'14"46	ロボフェスタ特別賞
2	時田進矢（新潟コンピュータ専門学校）	Sics	00'18"26	
3	谷内田茂成（新潟コンピュータ専門学校）	Conversion III	00'20"73	
4	河野純也	FRAGILE001	00'20"79	ナムコ賞
5	山口匠平（狭山工業高校電子機械科）	INAZUMA	00'21"93	
6	Sungsu Kim (Korea, Chungnam National Univ.)	GUBUKI	00'23"08	
10	浅野俊昭（千葉県立清水高校模型部）	オコジョ8号	00'24"96	特別賞

付　　録

3. 大会主催者／メーカ

● ニューテクノロジー振興財団マイクロマウス委員会事務局
　〒105-0001 東京都港区虎ノ門1-1-3 磯村ビル2階
　TEL 03-3504-1323／FAX 03-3504-1310
　URL：http://www.bekkoame.ne.jp/~ntf/mouse/mouse.html
　E-mail：KYD02036@nifty.ne.jp

● ロボフェスタ中央委員会事務局
　〒105-0014　東京都港区芝1-7-17 住友不動産 芝ビル3号館2階 つくば科学万博記念財団内
　TEL 03-5419-9757／FAX 03-5476-8555
　URL：http://www.robofesta.net
　E-mail：info@robofesta.net

● 有限会社　秋月電子通商 秋葉原本店
　〒101-0021　東京都千代田区外神田1-8-3 野水ビル
　通販部　TEL 03-3251-1779／FAX 03-3251-3357
　URL：http://www.akizuki.ne.jp

● 有限会社　イエローソフト
　〒350-1213　埼玉県高市高萩572-7
　TEL 0429-85-3118／FAX 0429-85-3128
　URL：http://www.yellowsoft.com/

● イビデン産業株式会社
　〒503-0804　岐阜県大垣市中ノ江3-3-1
　通販部　TEL 0584-82-6171／FAX 0584-82-6173

● タマデン工業株式会社
　〒706-0014　岡山県玉野市玉原3-7-2
　TEL 0863-31-5617／FAX 0863-32-4321
　URL：http://www.tamano.or.jp/usr/tamaden/

● 株式会社　ダイセン電子工業
　〒556-0005　大阪市浪速区日本橋4-5-18
　TEL 06-6631-5553／FAX 06-6631-6886
　URL：http://www.nttl-net.ne.jp/daisen/daisen.htm

3. 大会主催者／メーカ

● 有限会社　システムロード
　〒351-0021　埼玉県朝霞市西弁財2-3-2 鈴也ビル105
　TEL 048-465-1133／FAX 048-465-1184
　URL：http://www.systemload.co.jp

● 田中電子株式会社
　TEL 047-493-2887／FAX 047-475-3010

● 日本システムデザイン株式会社
　〒734-0001　広島市南区出汐3-4-1 スカイヒルズ出汐ビル
　TEL 082-256-7100／FAX 082-256-6622
　URL：http://www.jsdkk.co.jp

● 株式会社ベストテクノロジー
　〒210-0812　川崎市川崎区東門前3-3-7
　TEL 044-266-3066／FAX 044-276-3167
　URL：http://www.besttechnology.co.jp

● 浜松ホトニクス株式会社 固体営業部
　〒435-8558　静岡県浜松市市野町1126-1
　TEL 053-434-3311／FAX 053-434-5184
　URL：http://www.hpk.co.jp/

本書で使用したプログラムをダウンロードすることができます．
東京電機大学出版局ホームページアドレス
http://www.dendai.ac.jp/press/
　［メインメニュー］→［ダウンロード］→［ロボトレーサ］

索　引

━━━━━━━ 部　品 ━━━━━━━

103-540-36（三洋）……………………50
1S1588……………………………………20
2SC1815…………………………………20
2SC1881…………………………………21
2SK612（NEC）…………………………22
74HC14……………………………………63
AKI-80…………………………………109
DTC114（ローム）…………………91,115
E6A-CW100（OMRON）………………68
EX033B…………………………………114
FA-130（マブチ）………………………21
FGC210（コスモシステム）……92,93,109
H8／3048F（日立）…………………11,14
KL5C8012CFP（川崎製鉄）…………11,14
KL5C80A16CFP（川崎製鉄）………11,14
L2940CT-5……………………………109
LM2577T-12（ナショナルセミコンダクタ）…………25
MA1616（ESCAP）………………………34
MAX63*（マキシム）……………………25
MAX712（マキシム）…………………115
MBR115（モトローラ）…………………26
NE555…………………………………109
NR.HD-5V（松下）………………………20
OBQ12SC05（イーター電機工業）………26
P3062-01（浜松ホトニクス）……64,111,115
PIC16F84A（マイクロチップ）………12,14
PMM8713（三洋）………………45,93,109
RE-013-032（MAXON）…………………37
RE20（コパル電子）……………………68
SE303A（日本電気）…………………61,91
SLA7020M（サンケン）…………………48
SLA7024M（サンケン）……………50,92,110
STP-42D108（シナノケンシ）……54,110,115

TA7257P（東芝）………………………28
TA7279AP（東芝）……………………28
TA8440H（東芝）………………………28
TD62064AP（東芝）……………………22
TD62074AP（東芝）……………………22
TG-01-RU（ツカサ電工）………………34
TLP521-4（東芝）………………………22
TLR102……………………………………92
TMP95C061AF（東芝）………………11,14
TMPZ84C015BF（東芝）…………11,14,75
TPS616（東芝）……………………58,92
V25[μpd70320]（日本電気）………12,14
V55PI[μpd70433]（日本電気）………12,14

━━━━━━━ 英数字 ━━━━━━━

1-2相励磁…………………………………43
1相励磁……………………………………42
2相励磁……………………………………43
AKI-80……………………………………85
CGC…………………………………………75
CPU…………………………………………9
CPUコア……………………………………75
CTC………………………………24,75,79
DC-DCコンバータ……………………24,26
DCサーボモータ…………………………15
DCモータ……………………………15,16
DCモータの等価回路……………………18
HB型………………………………………40
I/OマップドI/O…………………………91
IOポート…………………………………19
LED…………………………………………60
NC工作機械………………………………15
Nチャネルパワー MOS FET……………24
ON-OFF制御………………………………20
PIO………………………………24,75,76

索　引

PLD ……………………………………44
PM型 …………………………………40
PWM …………………………………24
PWM制御 ……………………………32
PWS ……………………………………71
RAM ……………………………………9
ROM ……………………………………9
SIO ……………………………………75
SN比 …………………………………64
T-Iカーブ …………………………17
T-Nカーブ …………………………17
TTLレベル …………………………22
VR型 …………………………………40
WDT …………………………………76

あ　行

アクチュエータ ………………………2

イニシャライズ ……………………77
インタフェース ……………………64
インテルHEXフォーマット ……130
インピーダンス ……………………47

エッジ …………………………………80
エミッタホロワ ……………………63

オープンループ ……………………16
オブジェクトサイズ ………………13

か　行

外部直列抵抗法 ……………………47
外乱 ……………………………………63
カウンタモード ……………………80
加速減速パルス発生LSI ………109
カットオフ ………………………129
貫流電流 ……………………………24

ギアドモータ ………………………34
ギアトレイン ………………………33
ギアヘッド …………………………34
機器組み込みマイコンシステム …13
起動電流 ……………………………18
起動トルク …………………………18
機能分割 ………………………………8
競技規定 ………………………………6
競技コース ……………………………5

クローズドループ …………………17
クロックジェネレータ …………114

高速回転 ……………………………45
コントロールワード ………………77

さ　行

時間定数 ……………………………55
自起動領域 …………………………46
システム構成 …………………………8
姿勢制御 ……………………………55
充電器 ………………………………129
周波数出力端子 …………………102
周波数シンセサイザ ………………57
受光素子 ……………………………57
出力周波数 ………………………102
出力端子 ……………………………80
シュミットトリガ回路 ……………64
人工知能 ………………………………2

スーパーAKI-80 ……………………85
ステアリング方式 …………………71
ステッピングモータ …………15,39,110
ステッピングモータコントロールIC …92
ステップアップレギュレータ ……25
ステップモータ ……………………39
スラローム ……………………………3
スルーアップ ………………………39
スルーダウン ………………………39
スルーホール ……………………118
スルー領域 …………………………46

正逆転回路 …………………………20
制御方法 ………………………………5
赤外線発光ダイオード ……………61
センサ …………………………………2

走行距離カウンタ …………………68
走行パラメータ ………………………8
走行用モータ ………………………15
相互コンダクタンス ………………24

た　行

ダーリントントランジスタ ………76
ダーリントンパワートランジスタ …21

索引

ダーリントンパワートランジスタアレイ ……………22
タイマモード ……………………………………81
タイミングベルト ………………………………34
ダウンカウンタ …………………………………80
脱出トルク ………………………………………46
脱調 ……………………………………………3,39

チャネル …………………………………………79
直流モータ ………………………………………16
チョッピング …………………………………121

定格回転数 ………………………………………18
定格電流 …………………………………………18
抵抗内蔵トランジスタ ………………………115
ディジーチェーン ………………………………76
定電流チョッパコントロールIC ………………48
定電流チョッパコントロール法 ………………47
定電流チョッパ制御IC ………………………110
定電流チョッパ方式 ……………………………48
データバス ………………………………………79
デューティ比 …………………………………33,60
電池 ………………………………………………72

トランデューサ …………………………………57
ドリフト …………………………………………55
トリミング ………………………………………55
トルク ……………………………………………46

な 行

ニッケルカドミウム電池 ………………………72
ニッケル水素電池 ……………………………3,72
入力インピーダンス ……………………………63
入力端子 …………………………………………80

は 行

ハイサイドスイッチ ……………………………27
バイポーラ駆動 …………………………………41
発光素子 …………………………………………60
発光ダイオード …………………………………60
パルスジェネレータ ……………………………93
パルス幅変調 ……………………………………32
パルス分配IC ………………………………93,109
パルス分配回路 …………………………………43
パルスモータ ……………………………………39
パルスレート ……………………………………46
パワーMOS FET ……………………………22,24

パワーアンプ ……………………………………45
パワーソース ……………………………………3
反射型 ……………………………………………58
ハンドシェイク機能 ……………………………76

ヒートシンク ……………………………………24
引き込みトルク …………………………………46

フィードバック ………………………………15,39
フィルタ回路 …………………………………121
フィレット ……………………………………118
フォトカプラ ……………………………………22
フォトセンサ ……………………………………57
フォトダイオード ………………………………58
フォトトランジスタ ……………………………58
フォトリフレクタ …………………………62,64,111
フライホイールダイオード ……………………52
ブラシ・コミュテータ …………………………32
ブラシレスDCモータ …………………………16
ふらつき …………………………………………55
フランジ …………………………………………24
プリスケーラ ……………………………………82
ブレーキ …………………………………………21
プログラマブルコントローラ …………………10
プログラマブル周波数発生LSI ………………92
分周値 ……………………………………………55

放電器 …………………………………………129
ホールディングトルク …………………………46
保持トルク ………………………………………46

ま 行

マイクロクリッパ競技 …………………………4
マイクロマウス競技 ……………………………4
マイコンシステムの暴走 ………………………76
マイコン制御 ……………………………………19
マスク ……………………………………………78

無負荷回転数 ……………………………………18
無負荷電流 ………………………………………18

メカニズム ………………………………………2

モード ……………………………………………77

索 引

や 行

ユニポーラ駆動 …………………………………41

ら 行

ラインの曲り方 ……………………………………4
ランド ……………………………………………116

リチウムイオン電池 ………………………………3
リニア制御 ………………………………………32

励磁シーケンス …………………………………41
レートレジスタ …………………………………102

レゾルバ ……………………………………………16
ロータリエンコーダ …………………………16,68
ロボトレーサ ………………………………………1
ロボトレーサシステム ……………………………9
ロボトレース競技 …………………………………4

わ 行

割り込み ……………………………………………10
割り込みコントロール ……………………………77
割り込みベクトル ……………………………76,77
ワンチップマイコン ………………………………10
ワンボードマイコン ……………………………13,85

〈著者紹介〉

浅野 健一（あさの けんいち）
　学　歴　芝浦工業大学機械工学科卒業（1989）
　職　歴　三恵技研工業（株）
　　　　　日本国有鉄道
　　　　　（学）片柳学園
　　　　　R&Mファームウエアデザイン社
　　　　　ヒューマンアカデミー
　　　　　電子学園非常勤講師
　著　書　図解Z80マイコン応用システム ハード編（東京電機大学出版局）
　　　　　電子計測（オーム社）
　　　　　ハンディブック／メカトロニクス（オーム社）
　　　　　勝てるロボコン 高速マイクロマウスの作り方
　　　　　　　　　　　　　　　　　　　　　　（東京電機大学出版局）
　　　　　勝てるロボコン 相撲ロボットの作り方
　　　　　　　　　　　　　　　　　　　　　　（東京電機大学出版局）ほか
　e-mail　fwii1931@mb.infoweb.ne.jp
　URL　　http://village.infoweb.ne.jp/~fwii1931/index.html

勝てるロボコン
ロボトレーサの作り方

2002年7月30日　第1版1刷発行	著　者　浅野健一
	発行者　学校法人　東京電機大学 代表者　丸山 孝一郎 発行所　東京電機大学出版局 　　　　〒101-8457 　　　　東京都千代田区神田錦町2-2 　　　　振替口座　00160-5-71715 　　　　電話（03）5280-3433（営業） 　　　　　　（03）5280-3422（編集）
印刷　三美印刷（株） 製本　渡辺製本（株） 装丁　高橋壮一	© Asano kenichi 2002 Printed in Japan

＊無断で転載することを禁じます。
＊落丁・乱丁本はお取替えいたします。

ISBN4-501-41550-9 C3353

Ⓡ〈日本複写権センター委託出版物〉